U0640779

# 现代煤炭清洁技术发展与技术转化

李晨雨◎著

中国财富出版社有限公司

图书在版编目（CIP）数据

现代煤炭清洁技术发展与技术转化／李晨雨著 . -- 北京：中国财富出版社
有限公司，2025.4. -- ISBN 978-7-5047-8416-2

Ⅰ. TD94

中国国家版本馆 CIP 数据核字第 202596DX42 号

| 策划编辑 | 朱亚宁 | 责任编辑 | 贾紫轩　赵星潭 | 版权编辑 | 武　玥 |
| 责任印制 | 梁　凡 | 责任校对 | 庞冰心 | 责任发行 | 杨恩磊 |

| 出版发行 | 中国财富出版社有限公司 | | |
| 社　　址 | 北京市丰台区南四环西路 188 号 5 区 20 楼 | 邮政编码 | 100070 |
| 电　　话 | 010－52227588 转 2098（发行部） | 010－52227588 转 321（总编室） |
| | 010－52227566（24 小时读者服务） | 010－52227588 转 305（质检部） |
| 网　　址 | http：//www.cfpress.com.cn | 排　　版 | 宝蕾元 |
| 经　　销 | 新华书店 | 印　　刷 | 北京九州迅驰传媒文化有限公司 |
| 书　　号 | ISBN 978－7－5047－8416－2/TD·0001 | | |
| 开　　本 | 710mm×1000mm　1/16 | 版　　次 | 2025 年 5 月第 1 版 |
| 印　　张 | 10.75 | 印　　次 | 2025 年 5 月第 1 次印刷 |
| 字　　数 | 182 千字 | 定　　价 | 45.00 元 |

# 序

    煤炭作为世界能源体系的重要组成部分，在全球能源供给中长期占据举足轻重的地位。然而，煤炭的开发和利用也带来了环境污染、碳排放等一系列问题。面对全球气候变化、能源安全和可持续发展目标的要求，煤炭清洁高效利用成为推动能源转型和低碳发展的重要方向。近年来，随着科技进步和政策引导，煤炭清洁技术不断取得突破，涵盖从高效燃烧、污染物控制到碳捕集、利用与封存（Carbon Capture，Utilization and Storage，CCUS）等多个领域，为煤炭行业的绿色低碳发展提供了重要支撑。本书系统总结了煤炭清洁利用技术的发展历程，深入分析了当前煤炭清洁技术的最新进展，并探讨了技术转移与产业化的关键问题。

    煤炭清洁技术的发展离不开科技创新。从煤炭洗选到高效燃烧，从超低排放控制到碳捕集利用，每一项技术的进步都伴随大量的科研投入和工程实践。近年来，煤炭领域的科技创新已逐步由单一技术突破向系统集成优化发展，实现了多项关键技术的产业化应用。例如，超超临界燃煤发电技术的推广显著提高了煤电效率，煤基多联产技术为煤炭清洁利用提供了更广阔的应用场景，而 CCUS 技术的探索和示范为煤炭行业的低碳化发展提供了可能路径。

    煤炭清洁技术的推广应用不仅是技术问题，还涉及经济、政策、市场等多方面因素。技术转移与产业化是当前煤炭清洁技术推广的关键环节，如何推动科研成果从实验室走向市场，如何打通产业链上下游，如何借助政策和资本的力量加速技术落地，都是行业必须面对的重要课题。本书对这些问题进行了深入剖析，并结合具体实践，探讨了促进煤炭清洁技术转化的有效路径。

　　当前，全球能源格局正经历深刻变革，我国碳达峰、碳中和目标（以下简称"双碳"目标）的提出更是为煤炭行业的未来发展指明了方向。在这一背景下，煤炭清洁技术的创新与应用已成为推动煤炭行业绿色低碳转型的关键动力。本书的出版恰逢其时，既能为科研人员、工程技术人员提供前沿理论和实践经验，也能为政策制定者和企业决策者提供有益的参考。希望本书能够为广大读者提供有价值的信息和思考，助力我国乃至全球煤炭清洁利用技术的持续创新和高质量发展。

李晨雨

2025 年 1 月

# 前　言

在全球能源结构转型的大背景下，煤炭清洁技术的发展面临前所未有的机遇和挑战。我国作为全球最大的煤炭生产和消费国，煤炭在一次能源消费结构中长期占据主导地位。然而，碳达峰、碳中和目标的提出，使煤炭行业必须加快向绿色低碳方向转型，以实现2030年前碳达峰、2060年前碳中和的目标。在此过程中，煤炭清洁技术的发展与技术转移转化成为关键路径。

煤炭清洁利用涵盖了从开采、分选、加工到燃烧和化工转化的全生命周期技术创新。针对煤炭资源的高效利用，清洁燃烧技术、低碳煤化工技术、煤制氢技术，以及碳捕集、利用与封存技术的推进至关重要。煤炭分选与处理技术的改进，有助于提高煤炭利用效率、减少污染物排放，而煤炭清洁燃烧技术的发展，如超低排放燃烧、流化床燃烧和富氧燃烧等，则直接影响煤炭的终端利用碳排放水平。此外，煤基材料及低浓度煤层气的综合利用也将进一步推动煤炭资源的清洁高效开发。

实现碳达峰的关键在于优化煤炭消费结构、提高煤炭使用效率和积极推广清洁高效利用技术。一方面，通过煤炭清洁转化，如煤制天然气、煤制氢、煤炭气化等工艺，可有效降低终端碳排放，实现煤炭资源的深度清洁化利用；另一方面，煤炭燃烧端的污染控制技术升级，如高效脱硫脱硝、低氮燃烧技术的推广，能够在保障能源安全的前提下，减少环境污染。

实现碳中和的重点是推动煤炭行业与新能源的深度融合，同时依托 CCUS 技术削减煤炭碳排放。随着风能、太阳能等可再生能源的快速发展，煤炭将在未来逐步向调峰电源和化工原料方向转型，以满足低碳能源体系的需求。在此过程中，煤制氢技术作为"绿氢"过渡阶段的重要补充，将发挥关键作用。另外，在"双碳"目标引领下，煤炭行业的技术创新成果需要快速实现产业化，技术转移模式的优化成为重要议题。高校、科研院所与企业的协同创新机制，以及政府的政策支持，将共同促进煤炭清洁技术的应用推广。

本书围绕煤炭清洁利用技术的各个环节，系统梳理了煤炭概况及清洁转化、煤炭的分选与处理技术、煤炭清洁燃烧、煤炭化工、煤炭基材料及低浓度煤层气利用等方面。结合技术转移与转化模式，本书将探讨如何加速煤炭行业的技术变革，以支撑"双碳"目标的顺利实现。

在"双碳"愿景下，煤炭清洁技术的发展于我们既是挑战，也是机遇。通过持续的科技创新和技术转移，我国煤炭行业有望在保障能源安全的同时，实现绿色低碳转型，从而为全球能源可持续发展贡献中国智慧。

李晨雨

2025 年 3 月

# 目　录

# 第一章　煤炭概况及清洁转化

煤炭，作为全球能源结构中的重要组成部分，其分类与用途多样；作为一种自然资源，其分布广泛且具有地域特色。我国煤炭储量丰富，但煤炭产业的发展面临清洁高效转化方面的挑战。本章将深入探讨煤炭的分类与用途、煤炭资源分布的现状与特点，并重点分析我国在煤炭清洁高效转化方面的发展路径，旨在为煤炭产业整体的可持续发展提供参考。

## 第一节　煤炭的分类与用途

### 一、煤炭的分类

煤炭是一种重要的能源资源。依据成分、热值及其在自然界中形成的过程，煤炭通常被划分为不同类型。对煤炭合理分类有助于深入理解其物理、化学特性及其在各类能源利用中的适用性。根据《中国煤炭分类》（GB/T 5751—2009），煤炭可分为无烟煤、烟煤和褐煤。

### （一）无烟煤

无烟煤属于煤炭分类中煤化程度最高的一类，它以其卓越的物理特性和化学性能而著称。这种类型的煤炭具有几个显著的特征，包括较高的硬度和燃点、较低的挥发性和黏结性，同时它还拥有较高的发热量。无烟煤在燃烧过程中不会产生烟雾，因此它在民用和工业领域得到了广泛的应用，特别是在那些对环境质量有严格要求的场合，无烟煤的使用显得尤为重要。根据不同的用途，无烟煤可被进一步细分为无烟煤一号、无烟煤二号和无烟煤三号三个不同的等级。

无烟煤一号：主要用作制取碳素的原料，尤其是在一些需要高纯度碳材料的工业领域，如钢铁冶炼、电池生产等。由于高纯度的特性，无烟煤一号在这些领域中扮演着至关重要的角色。

无烟煤二号：适合用作合成气的原料。合成气的生产在化学工业中应用广泛，它可以进一步转化为氨、甲醇及其他多种重要的化学品。

无烟煤三号：主要用于高炉喷吹燃料。高炉喷吹无烟煤三号有助于提高高炉冶炼效率，并且能够有效降低生产成本。这使其在钢铁生产等行业中具有重要的应用价值。

无烟煤的高热值与低挥发性使其在需要持续、稳定高温的工业过程中具有重要地位。尤其是在炼焦和某些化学原料的生产过程中，无烟煤表现出优越的能源利用效率，并成为这些工业过程中不可或缺的能源之一。

## （二）烟煤

烟煤是煤化程度介于褐煤和无烟煤之间的一类煤种，其主要特征是具有较高的固定碳含量和适中的挥发分。在煤的分级中，烟煤位于褐煤和无烟煤之间，通常有着较为复杂的煤化过程和多样化的性质，因此广泛应用于各类工业过程中，尤其是在冶金、化工及能源生产中。根据煤化程度、挥发分、黏结性等不同性质，烟煤可被进一步细分为 12 个小类，每种类型的烟煤在燃烧、气化、炼焦等方面具有特定的优点，因而有其适合的应用领域。

### 1. 长焰煤

长焰煤属于烟煤类别中煤化程度最低的一种煤炭类型，其显著的燃烧特性之一就是火焰的长度相对较长。这种煤的黏结性较弱，在加热过程中通常不会产生结焦现象，因此在炼焦工业中，长焰煤往往并不被认为是一种能够生产出高质量焦炭的原料。不过，由于长焰煤含有较高的挥发分及较低的煤化程度，它主要被用作动力煤和制气的原料。火焰的长度优势使长焰煤在燃烧过程中能够更好地进行能量分布，因此它特别适合于那些需要长时间持续释放热量的能源利用场合。

在炼焦以外的工业应用中，长焰煤的使用也受到一定的限制。由于较低的煤化程度，长焰煤的热值通常低于其他类型的烟煤，这使它在某些高热值需求的工业应用中不那么受欢迎。然而，长焰煤的低硫分和低氮分特性使其成为一种环境友好的燃料选择，尤其在对排放有严格要求的地区。此外，长焰煤的开采成本相对较低，这在一定程度上弥补了其热值不足的缺点。

### 2. 不黏煤

不黏煤，也被称作弱黏结性煤，是一种煤化程度相对较低的烟煤类型。不黏煤拥有较高的挥发分，这意味着它在燃烧过程中能够释放出较多的气体。与此同时，不黏煤的显著特征是缺乏黏结性，这使它在传统的炼焦工艺中并不适用。然而，正是由于黏结性较弱，不黏煤在制气和发电领域展现出了独特的优势。作为动力煤和制气原料，不黏煤能够提供相对稳定的热值，这对于工业生产来说至关重要。此外，不黏煤在燃烧过程中还能实现较快的热量释放，这使它非常适合用于那些对燃料挥发性有较高要求的工艺过程。因此，尽管不黏煤在某些传统应用中受限，但在现代能源产业中，它仍然扮演着不可或缺的角色。

在能源产业中，不黏煤的使用还带来了环境效益。由于燃烧时产生的污染物相对较少，不黏煤成为一种较为清洁的能源选择。这在当前全球范围内对减少温室气体排放和改善空气质量的迫切需求下显得尤为重要。此外，不黏煤的开采和加工成本相对较低，这使它在经济上也具有一定的竞争力。尽管如此，不黏煤的使用也存在一些挑战，比如在运输和储存过程中需要特别注意，以防止其高挥发分特性导致的安全问题。因此，合理利用不黏煤，需要综合考虑其特性、环境影响及经济效益。

### 3. 弱黏煤

弱黏煤的煤化程度高于不黏煤，它表现出的挥发分相对较高，并且具备一定的弱黏结性。在炼焦的过程中，尽管弱黏煤的黏结性不足以独立形成强度较高的焦炭，但它仍然可以作为部分炼焦原料的配煤使用，尤其在那些需要一定黏结性的焦化工艺中。由于较高的挥发分和适中的煤化程度，弱黏煤在动力和制气领域的应用相当广泛，能够满足多种能源转化的需求。

此外，弱黏煤在燃烧时释放的热量相对较高，这使它在电力生产中成为一种理想的燃料。它不仅能够提供稳定的热能输出，而且燃烧效率较高，可以减少能源消耗和环境污染。在制气方面，弱黏煤的使用可以产生高质量的煤气，这对于工业和民用的燃气供应都具有重要意义。

### 4. 1/2 中黏煤

1/2 中黏煤是一种煤化程度相对较低的烟煤类型，它以较强的黏结性为显著特征，尽管如此，它在整体上仍然显示出较低的煤化程度。根据黏结性的不同，1/2 中黏煤可被分为两个部分，每个部分都有其独特的适用范围：具有较强黏结性的部分通常被用作配煤炼焦的原料，而黏结性较弱的部分则更适合用作动力煤或者制气的原料。由此可见，1/2 中黏煤的适用范围相当广泛，能够根据不同的实际需求进行灵活的配置和利用。

在工业应用中，1/2 中黏煤的使用可以带来显著的经济效益。由于黏结性较强，它在炼焦过程中能够有效地与其他煤种混合，提高焦炭的质量和产量。在制气方面，1/2 中黏煤的使用可以产生较为清洁的气体，适合用于城市煤气供应或化工原料气的生产。然而，由于其煤化程度较低，燃烧时释放的热量相对较低，因此在作为动力煤使用时，需要考虑其热效率和排放标准。

### 5. 气煤

气煤是一种煤化程度相对较低、挥发分含量较高的烟煤类型。由于挥发分较高，气煤在燃烧的过程中能够释放出大量的煤气、焦油及其他多种化学物质。这种特性使气煤在工业应用中具有非常重要的地位。通常情况下，气煤被广泛用作炼焦的原料，这是因为其丰富的挥发分能够有效地转化为焦炭。除此之外，气煤还被用于生产合成气、焦油及其他化工产品，这些产品在化学工业中扮演着关键角色。气煤的燃烧特性不仅使其在煤炭热解过程中发挥着关键作用，而且在煤气化的过程中也具有不可替代的重要性。因此，气煤是煤化工产业中不可或缺的重要原料之一。

在煤化工产业中，气煤的使用不仅仅局限于传统的炼焦和化工产品生产。随着技术的进步，气煤被应用于更广泛的领域。例如，在煤制天然气的过程中，气煤可以作为原料之一，通过化学反应转化为合成天然气，这为能源的多样化提供了新的途径。此外，气煤在燃烧时产生的热量较高，这使它在发电厂中作为燃料使用时，能够提高能源转换效率，降低发电成本。

### 6. 气肥煤

气肥煤的煤化程度与气煤相似，然而它所含的挥发分比气煤更高，并且还具备了相当强的黏结性。在炼焦的过程中，气肥煤会释放出大量的气体，而这些过多的气体有可能会对焦炭的强度产生不利影响，因此在炼焦过程中使用气肥煤时需要格外小心谨慎。通常情况下，气肥煤被广泛应用于炼焦配煤及热解制气的工艺流程中，在这些特定的工艺中，对煤的挥发分和黏结性的精细调控至关重要，这直接关系到最终产品的质量能否得到保证。

在炼焦配煤的过程中，气肥煤的使用比例需要经过严格的计算和实验验证，以确保焦炭的结构稳定性和热性能达到工业标准。此外，气肥煤在热解制气工艺中的应用，可以提高气体产品的产量和质量，尤其是在生产城市煤气和化工原料气时，其作用尤为显著。为了优化这些工艺，研究人员和工程师们仍在不断探索新的配煤方案和工艺参数，以期获取最佳的经济效益和环境效益。

### 7. 1/3 焦煤

1/3 焦煤是一种煤化程度处于中等水平的煤炭品种，它具有较高的挥发分，并且表现出非常强的黏结性。这种煤种特别适合于单独进行炼焦操作，因为它能够帮助生产出品质优良的焦炭。1/3 焦煤之所以受到青睐，主要是因为它的黏结性非常出色，这使它在焦化过程中能够形成一个相对稳定的焦炭结构。因此，1/3 焦煤在钢铁冶炼及其他需要高温处理的工业领域中得到了广泛的应用。由于其焦炭产品具有较高的强度和耐磨性，1/3 焦煤在炼钢过程中扮演了至关重要的角色，确保了炼钢过程的高效和产品质量的稳定。

在炼焦过程中，1/3 焦煤的使用不仅提高了焦炭的产量，而且对焦炭的质量有着显著的提升作用。由于独特的化学性质，1/3 焦煤在燃烧时能够释放出更多的热量，这为钢铁生产提供了必要的高温环境。此外，1/3 焦煤在节能减排方面也显示出了潜在优势。1/3 焦煤在燃烧过程中产生的煤气，可以作为能源回收利用，进一步提高了整个炼焦过程的能源效率。

### 8. 肥煤

肥煤是一种煤化程度处于中等水平的烟煤，其挥发分的范围相对较广。在配煤炼焦的过程中，肥煤扮演着至关重要的角色，因为它能够显著提升焦炭的耐磨性。正是由于肥煤的这些独特特性，它在炼焦过程中发挥着优化焦炭质量的关键作用，尤其是在那些对焦炭的黏结性和稳定性有一定要求的炼焦环境中。尽管如此，肥煤的抗碎强度并不是特别大，这使它不能单独作为炼焦的原料使用。通常情况下，肥煤被用作配煤的辅助原料。

在炼焦工业中，肥煤的使用需要经过严格的筛选和配比。炼焦工程师会根据焦炭的预期用途和质量要求，精心设计配煤方案，以确保焦炭的最终性能满足标准。肥煤的加入量和配比方式对焦炭的强度、反应性和其他物理化学性质有着直接的影响，因此，对肥煤特性的深入理解是优化配煤炼焦过程的关键。

### 9. 焦煤

焦煤是一种煤化程度中等偏高的烟煤，它具有中等水平的挥发分，并且黏结性相当强。这种煤种能够独立用于炼焦过程，其独特之处在于能够生产出品质较高的焦炭。其通过燃烧产出的焦炭不仅具有出色的耐磨性，还拥有强大的抗碎强度。正是由于这些卓越燃烧特性和焦化性能，焦煤在钢铁冶炼行业得到了广泛的应用，成为该行业不可或缺的重要原料。

除了在钢铁冶炼中的应用，焦煤还被用于生产电石、化肥和其他化工产品。在电石生产中，焦煤作为原料之一，通过化学反应生成乙炔气体，进而用于制造聚氯乙烯等化工产品。焦煤的多样化应用使其在化工行业中也占有重要地位。

### 10. 瘦煤

瘦煤是一种煤化程度相对较高、挥发分较低的烟煤品种，它展现出较广的黏结性范围。尽管瘦煤拥有较高的煤化程度及较低的挥发分，但在实际的炼焦过程中，它所形成的焦炭往往表现出较差的耐磨性，这使瘦煤并不适合单独作为炼焦的原料使用。通常情况下，瘦煤被用作炼焦过程中的配煤原料，或者作为民用和动力燃料。不过，由于瘦煤具有较大的块度特性，在某些特定的场合，尤其是在对燃料块度有较高要求的情况下，其可以作为一种有效的燃料使用。

在工业应用中，瘦煤的使用需要经过严格的筛选和配比，以确保其在炼焦过程中的性能。为了改善焦炭的耐磨性，炼焦工程师通常会将瘦煤与其他类型的煤炭混合使用，通过科学的配比来优化焦炭的质量。此外，瘦煤在燃烧时释放的热量较高，这使它在某些工业炉窑中作为热源具有一定的优势。

在民用领域，由于燃烧时产生的热量较大，瘦煤在寒冷地区作为取暖燃料有着广泛的应用。然而，由于其燃烧时可能产生的烟尘和污染物较多，使用时需要配合相应的环保设备，以减少对环境的影响。动力燃料方面，瘦煤的使用可以提高发电效率，尤其在一些老式的火力发电站中，通过对相应设备的技术改造，可以更有效地利用瘦煤作为动力燃料。

### 11. 贫瘦煤

贫瘦煤是一种煤化程度相对较高、挥发分含量较低的烟煤类型。这种煤炭由于挥发分较低，通常不适合用于热解制气的过程。贫瘦煤主要被用作民用燃料和动力燃料，其较低的挥发分和较高的煤化程度使它非常适合于需要稳定燃烧的应用场合。然而，由于化学性质的限制，贫瘦煤并不适用于某些特定的化学转化过程。在燃烧时，贫瘦煤能够释放出较高的热值，这使它在某些需要高效热能的应用中非常有价值。但是，贫瘦煤燃烧时产生的火焰相对较短，这限制了它在那些需要长时间持续燃烧的应用中的使用。

在工业应用中，使用贫瘦煤需要特别考虑其燃烧特性。由于其火焰较短，因此在设计燃烧设备时，需要特别注意以确保燃烧效率和热能的充分利用。贫瘦煤的这些特性也意味着它在某些工业锅炉和发电站中可能不是首选燃料。然而，在一些特定的工业过程中，如水泥生产或某些类型的金属冶炼，贫瘦煤因其稳定的燃烧特性而被选用。

此外，贫瘦煤的开采和使用也对环境产生影响。由于较高的热值，贫瘦煤在燃烧时可能会产生较多的二氧化碳和其他温室气体排放。因此，对于追求可持续发展的能源策略来说，贫瘦煤的使用需要与碳捕捉和存储技术相结合，以减少其对环境的影响。同时，研究和开发更高效的燃烧技术和设备，以及探索贫瘦煤与其他能源的混合使用，也是其未来发展的潜在方向。

### 12. 贫煤

贫煤是煤化程度非常高、挥发分含量相对较低的烟煤品种，它在特性上非常接近于无烟煤，因此在业界也常常被称作半无烟煤。由于独特的化学组成和物理特性，贫煤在燃烧时产生的火焰相对较短，并拥有较高的热值，这使它成为一种高效的能源。此外，贫煤不具备黏结性，这限制了它在某些工业过程中的应用，但同时也使它非常适合用作民用和动力燃料。基于这些优点，贫煤主要被用于需要高燃烧效率的工业和民用场合。特别是在传统的取暖和动力发电领域，贫煤因其热值高和火焰短的特性而被广泛采用，成为这些领域中不可或缺的能源之一。

在工业应用中，贫煤的使用不仅仅局限于传统的取暖和发电。它也被用于钢铁生产中的高炉喷吹，以提高燃烧效率和降低生产成本。此外，贫煤在水泥制造和陶瓷烧制等高温工业过程中也扮演着重要角色，其高热值有助于维持高温环境，保证产品质量。由于这些特性，贫煤在能源密集型产业中具有不可替代的地位。

## （三）褐煤

褐煤是煤化程度最低的煤种之一，具有典型的黑褐色外观，结构松散且含水量较高。由于较低的煤化程度，褐煤在化学成分和物理性质上表现出一些较为明显的特点，包括较高的挥发分和较低的固定碳含量。这些特性使褐煤在燃烧时热值相对较低，尤其在直接燃烧过程中，其能量效率较为有限。然而，尽管褐煤的燃烧热值较低，其丰富的挥发分和较高的水分含量为其在某些特定领域的应用提供了可能性。

褐煤通常被划分为两大类：一类可作为一般燃料，另一类则主要作为加压气化和低温热解的原料。作为一般燃料，褐煤的高挥发分使其具有较好的燃烧性，它在短时间的燃烧中能够快速释放热量，因而适合于对燃烧效率要求不高的场合。在能源需求较大的领域，通过合理利用褐煤能够满足一定的供热需求。褐煤较高的挥发分不仅促使燃烧过程中的热量释放更为迅速，而且使其在特定的能源利用过程中具备了较高的灵活性。

褐煤在煤化工领域的应用也具有重要价值，特别是在加压气化和低温热解过程中。首先，由于较高的挥发分，褐煤在热解和气化过程中能够有效释放出丰富的煤气和焦油成分，因而适用于某些煤化工生产的初级原料。其次，通过加压气化技术，褐煤可转化为合成气，这些合成气可进一步用于生产化学品、燃料或电力。最后，低温热解过程有助于分解褐煤中的有机物质，并最终产生一系列化工产品，如焦油和煤气等，而这些产物可广泛应用于化学工业及能源领域。

## 二、煤炭的用途

煤炭作为一种重要的能源资源，凭借其丰富的储量、广泛的分布及多样的加工方式，长期以来在全球能源结构中占据举足轻重的地位。在我国能源结构中，煤炭具有重要战略地位，其用途涉及电力、炼钢和化工等重要行业[①]，涵盖

---

① 陈仁涛. 煤炭期货对我国煤炭相关行业的风险溢出效应［D］.苏州：苏州大学，2022：1.

了从基础能源到精细化工产品的多个领域，在各行各业中发挥着不可替代的作用。其主要用途可分为发电、冶金工业、化工原料和民用燃料四大类，每一类用途在不同的历史时期和技术背景下，均体现着煤炭在支撑现代工业发展和满足能源需求方面的重要作用。

## （一）发电

煤炭在全球能源生产中扮演着至关重要的角色，其中一个主要用途就是发电。长期以来，煤炭发电一直是世界各国电力产业的基石之一，特别是在那些能源资源相对匮乏的国家和地区，煤炭提供了一种相对廉价且稳定的电力供应方式。煤炭发电的基本原理涉及通过燃烧煤炭来产生热能，这一热能随后被用来将水转化为蒸汽，蒸汽再驱动蒸汽涡轮发动机进行发电。在这一过程中，煤炭的热值、燃烧效率及发电机组的技术水平都会对电力生产的效能产生显著影响。

根据《常规燃煤发电机组单位产品能源消耗限额》（GB 21258−2017），煤炭发电机组可以细分为超超临界发电机组与循环流化床燃煤发电机组两大类。超超临界发电机组通过提升蒸汽的温度和压力，显著提高了煤炭的发电效率，从而实现了煤炭消耗的减少和碳排放的降低。而循环流化床燃煤发电机组则采用了一种在较低温度下进行燃料循环燃烧的技术，这种技术特别适合处理含硫量较高、品质较低的煤炭，而且它还能够有效减少有害物质的排放。

随着全球能源结构的不断转型及环保要求的日益提高，煤炭发电领域的环保技术也在不断地创新和进步。例如，烟气脱硫、脱硝、除尘等技术的应用，已经显著减少了煤炭发电过程中对大气环境的污染。此外，碳捕集与封存技术的兴起，为煤炭发电行业的可持续发展提供了新的途径和希望，这不仅有助于减少温室气体排放，还为煤炭发电行业带来了新的生机。

在煤炭发电技术不断进步的同时，研究人员也在探索如何进一步提高煤炭利用效率和减少环境影响。例如，通过优化燃烧技术，可以更充分地利用煤炭中的能量，并减少氮氧化物和颗粒物的排放。此外，智能控制系统在燃煤电厂的应用也越来越广泛，这些系统能够实时监控和调整发电过程中的各项参数，以达到节能减排的目的。

未来，随着可再生能源技术的成熟和成本的降低，煤炭发电在全球能源结构中的比重可能会逐渐下降。然而，煤炭作为一种重要的能源资源，在可预见的未来仍将扮演关键角色。因此，持续的技术创新和环保措施的实施，对于煤炭发电行业来说至关重要，这不仅关乎能源安全，还关乎全球环境保护和气候变化应对。

### （二）冶金工业

冶金工业，特别是钢铁冶炼领域，对煤炭资源的依赖性极高，因为煤炭是生产焦炭的关键原料。焦炭在钢铁冶炼过程中扮演着至关重要的角色，它作为一种重要的还原剂，在高炉中与铁矿石中的氧元素发生化学反应，从而帮助生成铁水。煤炭的煤化程度、挥发分、灰分及固定碳含量等物理化学特性，都会直接影响焦炭的质量及整个冶炼过程的效率。

冶金行业中使用的煤炭主要是焦煤，这种煤炭具有非常强的黏结性。在高温环境下，焦煤能够形成非常致密的焦炭块，确保其在高炉中具有足够的强度和良好的透气性。这样的特性对于促进铁矿石的还原过程至关重要。优质的焦煤不仅能够生产出高强度、低灰分的焦炭，而且在焦化过程中还能释放出大量的化学品，如煤气、焦油和苯等。这些副产品在化学工业中有着广泛的应用，进一步提高了煤炭的综合利用价值和经济效益。

除了应用于钢铁冶炼，煤炭在铝土矿冶炼、镁的生产及其他有色金属冶炼过程中也扮演着不可或缺的角色。通过煤炭气化和还原等技术，煤炭能够有效地参与到各种冶金过程的高温还原反应中，为非铁金属的生产提供了重要的支持和保障。

随着科技的进步和环保要求的提高，冶金工业正面临着转型升级的挑战。为了减少对环境的影响，冶金行业正在探索使用清洁能源和先进的冶炼技术。例如，通过采用干熄焦技术，可以有效减少焦炭生产过程中的污染物排放，同时提高焦炭的质量。此外，冶金企业在尝试利用煤焦油和煤气等副产品进行能源回收，以实现资源的循环利用。

在钢铁冶炼的未来发展中，电炉炼钢技术的应用会越来越广泛。电炉炼钢是一种更为环保的冶炼方式，它通过使用电力来熔化废钢，从而减少对煤炭资源的依赖。虽然目前电炉炼钢的成本相对较高，但随着可再生能源技术的发展和成本的降低，电炉炼钢有望成为钢铁行业的重要发展方向。

冶金工业的可持续发展不仅关乎环境保护，还关系到资源的有效利用。因此，冶金企业正致力研发和应用更加高效、节能的冶炼工艺。例如，直接还原铁技术（DRI）和熔融还原技术（FINEX）等新型冶炼工艺，能够直接使用铁矿石和煤炭，减少对焦炭的依赖，同时降低能耗和排放。这些技术的发展和应用，将为冶金工业的绿色转型提供强有力的技术支撑。

（三）化工原料

煤炭不仅是一种传统的燃料，还是一种宝贵的资源，在化工领域，尤其是煤化工领域，展现出巨大的发展潜力。通过一系列先进的化学转化技术，煤炭可转化为一系列具有高附加值的化工产品，如合成氨、甲醇、合成气、煤焦油等。这些产品不仅能够满足国内工业的多样化需求，而且能在全球化学品市场中占据重要的地位。

煤气化技术是煤炭转化为化工原料最主要的技术之一。通过这一技术，煤炭在高温和缺氧的条件下被转化为合成气，这种合成气主要由一氧化碳、氢气、二氧化碳等组成。合成气是一种非常重要的中间体，它可进一步被转化为甲醇、氨、烯烃等多种化学品。其中，甲醇作为一种基础化工原料，应用范围非常广，可用于生产塑料、涂料、溶剂及医药等多种化学制品；而合成氨则是化肥工业中不可或缺的重要原料，对全球农业生产具有极其重要的意义。

煤焦油是煤炭在炼焦过程中产生的副产品，其含有多种芳香烃和含氧化合物，这些化合物是生产苯、甲苯、二甲苯等化学品的重要原料。这些化学品在塑料、橡胶、涂料、制药等行业中有着广泛的应用。通过应用煤化工技术，煤炭的附加值得到了显著提升，同时也推动了整个化工产业的进一步发展和进步。

随着科学技术的不断进步，煤炭的化学转化技术也在持续得到优化和提升。目前，煤基化学品的绿色制造技术，例如煤制天然气、煤制乙醇等新型工艺的研究正在积极推进中。这些技术创新和产业化进程为全球煤炭资源的高效利用和清洁利用提供了新的方向，为实现可持续发展和环境保护做出了积极的贡献。

在煤炭化学转化的过程中，环境影响和资源效率是当前研究者和工业界关注的焦点。为了减少煤炭转化过程中的碳排放和提高能源效率，研究人员正在开发新的催化剂和改进现有的转化工艺。例如，采用新型的高效催化剂可以降低合成气制备过程中的能耗，同时提高合成气的产量和质量。此外，通过优化工艺流程，可以实现能源的梯级利用，从而提高整体的能源效率。

煤炭的清洁利用技术也在不断进步。例如，煤粉燃烧技术的改进，使煤炭燃烧更加完全，同时减少了污染物的排放。与此同时，煤层气的提取和利用技术也在不断发展，这减少了煤矿开采过程中的安全隐患；而且煤层气作为一种清洁能源，其利用也减少了对传统煤炭资源的依赖。此外，煤炭液化技术的发展，使煤炭能够直接转化为液体燃料，为交通运输提供了新的能源选择。

在煤炭化工产业的未来发展中，循环经济的概念将扮演越来越重要的角色。煤炭化工与其他工业过程的结合，可以实现大部分废弃物的再利用和资源的循环利用。例如，煤化工产生的二氧化碳可以被捕捉并用于食品工业、化工合成或作为驱油剂，实现碳的循环利用。同时，煤化工产生的废热可以被回收利用，为其他相关工业过程提供能量，从而降低整体的能源消耗。

## （四）民用燃料

煤炭作为民用燃料，在全球范围内依然扮演着重要角色，特别是在一些发展中国家和地区，它作为家庭取暖和烹饪的传统能源，满足了低收入家庭和资源匮乏地区居民的基本生活需求。煤炭的高热值特性使其成为一种稳定而充足的能源来源，尤其在缺乏天然气和电力等清洁能源的地区，煤炭因资源丰富、获取方便且相对廉价而被广泛使用。

煤炭作为民用燃料的使用方式相对简单，通常以散煤的形式销售，用户通过燃烧煤炭来获得热能。在一些地区，由于初期投资较小、燃烧效果直接、可操作性强，煤炭依旧占据着家庭能源消费的重要位置。此外，煤炭的高热值特点使其在取暖和烹饪等方面展现出较强的适应性，能够满足家庭日常生活中的多种需求。尽管现代化的能源形式正在逐步进入家庭领域，但煤炭作为低成本能源在某些地区发挥的作用依然不可忽视。

在一些发展中国家和地区，煤炭的优势在于其获取的便捷性和获取成本的低廉性，因此在这些地区，尤其是在缺乏清洁能源基础设施的情况下，煤炭依然是一种重要的能源形式。如何在保障能源供应的同时，减少煤炭使用的环境和健康风险，成为当前和未来能源转型的关键挑战。

# 第二节　煤炭资源分布现状与特点

## 一、煤炭资源分布现状

### （一）全球煤炭资源的分布现状

全球煤炭资源的分布呈现明显的区域性差异，其总量丰富，储量分布则受到地质、经济与技术等多重因素的影响。从全球范围来看，煤炭资源的总量依然在世界能源储量中依然占比较大，尽管在能源转型与环保压力日益加剧的背景下，煤炭的相对重要性有所下降。煤炭资源广泛分布于多个大洲，主要集中分布在亚洲、北美洲和大洋洲等地区。

亚洲作为全球煤炭资源最为丰富的地区之一，煤炭资源的储量在全球能源总储量中占重要份额。其中，中国不仅是世界上最大的煤炭生产国，还是全球煤炭储量最多的国家之一；印度则是全球煤炭储量排名前列的国家，随着其工业化进程的加速，煤炭资源的开发利用量也在不断增加。除了这两个大国，其他亚洲国家的煤炭资源也呈现出一定的丰富性，尽管这些国家的总体储量较为有限，但仍为全球煤炭供应链提供了重要的支持。

北美地区是全球煤炭储量较为丰富的地区之一。其中，美国煤炭资源储量充足，且开采技术先进，其煤炭产业在全球煤炭市场中占据重要地位，并在技术和产量上保持领先优势。美国的煤炭产业较为成熟，煤炭在能源结构中的地位在过去几十年中始终保持较高水平，尽管近年来随着天然气和可再生能源的崛起，煤炭在美国能源消费结构中的占比有所下降，但美国的煤炭产业依旧在全球能源供应中发挥着重要作用。

欧洲地区的煤炭资源相较于亚洲和北美较为有限，但在部分国家中，煤炭仍然在能源供应上占据一定的地位。欧洲的煤炭资源多集中于东欧地区，然而随着能源结构的转型和环保要求的提高，东欧部分国家的煤炭产业逐渐衰退。尽管如此，仍有少数国家保持着煤炭的开发和利用，尤其是在电力生产和钢铁工业中，煤炭供应依旧具有重要的战略意义。总体而言，欧洲的煤炭资源分布较为分散，且开发难度较大，因而多依赖于外部进口来满足相关需求。

非洲地区的煤炭资源潜力巨大，但开发程度较低，目前还处于初级阶段。非洲的煤炭资源主要集中在南部和中部地区，虽然储量庞大，但由于基础设施建设滞后、技术水平相对较低及政策与市场需求的制约，非洲的煤炭资源开发尚未实现其潜力的完全释放。随着全球对能源需求的增加，非洲的煤炭资源有望在未来逐步得到开发，并成为全球煤炭供应的重要补充。

澳大利亚是全球主要的煤炭出口国之一，其煤炭资源储量丰富，尤其以高质量的动力煤和炼焦煤闻名于世。澳大利亚的煤炭产业在全球煤炭市场中占据重要地位，煤炭出口量长期居于世界前列。作为一个煤炭资源丰富的国家，澳大利亚的煤炭主要用于出口，服务于亚洲及其他地区的能源需求。在全球煤炭供应中，澳大利亚的地理优势与先进的开采技术为其煤炭资源的强大国际竞争力提供了坚实保障。

全球煤炭资源的分布现状反映了各大洲在煤炭生产与消费中的角色差异。随着全球能源结构的不断调整，煤炭资源的开发与利用将面临更加复杂的环境与挑战。从整体来看，能源的可持续性与环保政策的压力推动着煤炭产业转型，同时也促使各国在资源开发与利用过程中更加注重环保和绿色发展。

## （二）我国煤炭资源的分布现状

煤炭资源是我国重要的基础能源，煤炭资源的开发利用，关系着国家的能源安全，对我国的发展具有重要意义。[①] 我国煤炭资源的分布具有显著的区域性特点，整体储量处于世界前列。根据最新的资源评估数据，我国是全球最大的煤炭生产国之一，煤炭资源主要集中在中西部地区，尤其是山西、陕西等省份。它们不仅是国内煤炭产量的主要来源，还是全球煤炭供应链的重要组成部分。

---

① 彭睿娥．煤炭资源分布特征与勘查开发前景研究［J］．内蒙古煤炭经济，2021（1）：203.

在我国，煤炭资源的分布呈现明显的集中趋势。山西省作为传统的煤炭大省，拥有全国最大规模的煤炭储量。该省的煤炭资源集中度高，煤矿开采技术较为成熟，已形成了比较完善的煤炭产业链。山西煤炭资源的开发和利用相关产业历经多年的资金和经验积累，已逐渐成为中国煤炭行业的重要支柱。陕西和内蒙古则是中国西部地区煤炭资源的核心区，其中，内蒙古的煤炭储量在国内处于领先地位。然而，西部地区煤炭资源的开发面临较为严峻的环境与政策压力。随着国家环保政策的日益严格，这些地区在资源开发的过程中需更加注重生态保护和可持续发展，如何在保护生态环境的前提下合理开发煤炭资源，成为一项急需解决的问题。

贵州、山东等其他省份的煤炭资源分布相对较为分散。贵州煤炭资源丰富，尤其是特种煤种储量较大，但由于地形复杂和交通条件限制，其煤炭资源的开发与运输存在一定难度。山东省的煤炭资源虽不如山西、陕西等省份丰富，但其地理位置优越，因而在煤炭资源的开采和物流运输上具备较大的优势。目前，山东省已成为东部地区重要的煤炭供应来源。

我国煤炭资源的分布现状反映了国内能源结构的复杂性与多样性。各地区煤炭资源的开发利用不仅受到地理条件、技术水平的影响，还受到政策、环保及市场需求等多方面因素的制约。随着能源转型的推进，煤炭资源的开发将更加注重可持续性，绿色开采技术与清洁能源技术的融合注定将成为未来发展的重要方向。在此背景下，如何处理煤炭资源合理开发与环境保护之间的关系，以及如何推动能源结构的优化，依然是我国煤炭产业面临的主要挑战。

## 二、我国煤炭资源分布特点

煤炭资源并非均匀分布，而是受地质构造、气候变化、历史地质作用及地理因素的综合影响。我国各地煤炭资源在储量和分布密度上具有不同的特点，并且在煤炭资源的开发利用过程中，区域经济、技术发展及环保政策等因素均对其分布特征产生了深远的影响。[①]

---

① 彭睿娥. 煤炭资源分布特征与勘查开发前景研究［J］. 内蒙古煤炭经济，2021（1）：203.

（一）资源分布不平衡

我国煤炭资源的地理分布呈现出明显的区域不平衡特征，这一分布格局不仅与自然地理条件密切相关，还与经济发展的区域差异形成了鲜明对比。总体而言，我国的煤炭资源分布呈现出"西多东少、北富南贫"的特点，具有天然的区域差异性。具体而言，煤炭资源丰富的地区主要集中在我国的西部和北部，而东部和南部的煤炭资源相对较为贫乏。这种分布格局与我国经济发展的地域性差异存在显著的矛盾；西煤东运、北煤南运现象的出现，表明我国煤炭资源的区域性分异与经济发展水平的地域不平衡之间呈现出反向关系。

我国经济的地域不平衡性表现为明显的东西、南北差距。东部地区经济较为发达，中部地区相对较为均衡，而西部地区在经济发展上相对滞后。此外，南北经济差异也尤为突出，南部地区相对富裕，北部地区则面临一定的发展压力。就煤炭资源而言，这种经济不平衡性与资源分布的反向关系更加突出。尽管我国的煤炭资源在西部和北部较为丰富，但这些区域经济发展相对滞后，使在向经济相对发达的东部和南部地区输送煤炭资源时，供应链压力较大。

我国煤炭资源在地理上的分布具有显著的区域性特点。在"昆仑山—秦岭—大别山"一线以北的地区，煤炭资源的发现量占全国总量的90.3%，如果不包括东北三省和内蒙古东部地区，则这一比例降至77.4%。这77.4%的煤炭资源主要分布在山西、陕西、宁夏、河南及内蒙古中南部，以无烟煤和烟煤为主，总储量在北方地区占比在65%以上。

相较之下，"昆仑山—秦岭—大别山"一线以南的南方地区，煤炭资源储量较少，仅占全国煤炭资源总量的9.6%。其中，以贵州、四川、云南三省的煤炭资源尤为集中，占南方煤炭资源的90.4%。

从东西分带上来看，"大兴安岭—太行山—雪峰山"以西地区主要以无烟煤和烟煤为主，其资源储量占全国的89%；而此线以东地区则以褐煤和低变质烟煤为主，资源储量仅占全国的11%。这一分布特点表明，西部地区的煤炭资源不仅在量上占优势，而且质量也较为上乘，这使西部成为我国煤炭资源的重要供应区域。

从更细化的省级尺度来看，全国 34 个省级行政区划中，除上海、香港外，几乎所有省（区）均有煤炭资源分布。全国约 63% 的县级行政区划有煤炭资源分布，但大多集中在少数几个省（区），例如山西、内蒙古、陕西、贵州和云南等地，仅这几个省（区）的煤炭资源基础储量就占全国的 69% 以上。这一情况表明，我国煤炭资源高度集中在几个重要煤炭产区，而其他地区则在相当大的程度上依赖外部煤炭供应。

### （二）与水资源逆向分布

煤炭资源与水资源的地域分布具有明显的逆向关系，这一特征向我国煤炭产业的可持续发展提出了诸多严峻挑战。我国的煤炭资源主要分布在西部和北部地区，而水资源则主要集中在东部和南部地区，其中，南方地区的水资源相对丰富。煤炭资源丰富的区域往往面临水资源的短缺，这一资源分布的不匹配使这些地区在煤炭的开发和利用上面临较大的生态与资源压力。

水资源的不足会影响煤炭开采、运输及洗选等环节的水源供给，而且在长期的煤炭生产过程中，水资源的消耗也会对生态环境造成深远影响。煤炭生产过程中通常需要大量的水资源用于矿区的降尘、防火、煤炭洗选等作业，在水资源匮乏的地区，过度的水资源消耗将进一步加剧当地水资源的紧张状况。此外，煤炭产业的废水排放问题也不可忽视。煤炭洗选过程中产生的废水如果未能有效处理，将对水体造成严重污染，从而进一步加剧水资源的生态负担。

这一煤炭资源与水资源逆向分布的局面，使煤炭资源的开采与利用面临着环境保护与资源管理的双重压力，因而不仅需要有效解决生产中的水资源需求问题，还需要采取切实有效的措施来应对由生产活动引发的水污染问题。在这一背景下，如何在水资源短缺的地区实现煤炭资源的高效开采与利用，并采取合理的水资源管理治理措施，已成为当前煤炭产业可持续发展过程中必须解决的一项关键问题。

### （三）与经济发展水平逆向分布

煤炭资源丰富的区域主要集中在我国的西部和北部地区，而经济发达地区则主要位于东部和南部，尤其以长三角、珠三角和环渤海地区为代表。这种不匹配的资源分布不仅影响了煤炭资源的有效利用，还加剧了地区之间的经济和能源供需矛盾。

在具体的地理分布上，华东地区的煤炭资源主要集中在山东和安徽，而经济发展程度高的地区则主要集中在以上海为核心的长三角区域；西南地区的煤炭资源集中在贵州，但经济发展则偏重于四川和重庆；东北地区的煤炭资源主要集中在黑龙江，经济重心却在辽宁等地。这种煤炭资源分布与经济发展水平的不匹配，不仅加剧了资源运输的困难，还加大了能源与经济之间协调的难度。

煤炭资源与经济发展水平的逆向分布，导致煤炭生产与消费之间的严重脱节。煤炭生产集中在资源富集的西部和北部地区，而消费市场则主要位于东部和南部地区，这使我国煤炭产业出现了"北煤南运"和"西煤东调"的运输格局。煤炭的长距离运输不仅增加了运输成本，而且对交通运输网络造成了巨大压力，同时也对生态环境产生了较大负面影响。煤炭运输过程中产生的排放物、噪声及对交通基础设施的负荷，都会给环境和社会带来一定的负担。此外，长距离运输的高碳排放和能源消耗，还进一步加剧了能源发展和环境保护之间的矛盾。

## （四）煤炭种类与质量的地域分布不理想

煤炭资源的种类和质量的地域分布存在较为显著的不均衡现象，这在一定程度上影响了我国煤炭资源的高效利用和可持续发展。煤炭种类的地域分布并未与各地的经济发展需求相匹配，这种不均衡的资源配置不仅加大了能源供应的不稳定性，还给我国的产业结构优化和环境治理带来了一定的挑战。

从煤炭种类的角度来看，我国的煤炭资源主要以低变质煤为主，而优质无烟煤和优质炼焦用煤较为匮乏。同时在炼焦用煤的分布上，存在较为严重的地域性不平衡问题。炼焦用煤的主要储量集中在山西等少数地区，而经济发达的华东和东北等区域则缺乏相应的资源供应。

在煤炭资源的质量方面，我国低灰低硫的优质煤资源尤其稀缺。低灰低硫煤在我国的煤炭资源总量中占比不足 20%，尽管部分地区存在较多的低灰低硫煤，但其煤炭质量仍然无法满足高端能源需求。此外，北方地区煤炭的含硫量普遍低于南方地区，这进一步加剧了地区间的资源差异。总之，煤炭中的灰分和硫分含量对煤炭的燃烧效率和环境污染程度具有直接影响，而低灰低硫煤的稀缺使我国当前的能源供应难以满足日益严格的环保标准。

# 第三节　我国煤炭清洁高效转化发展探析

煤炭是我国的主体能源，推进煤炭清洁高效转化是实现煤炭清洁高效利用的重要途径之一。为此，我国煤炭行业的发展应按照绿色低碳的发展方向，对标"双碳"目标，控制总量、兜住底线，实施有序减量替代，促进煤炭消费转型升级。

## 一、我国煤炭清洁高效转化发展思路

煤炭是大自然赋予人类的宝贵财富，它既是重要的能源，又是珍贵的化工资源，而粗放型的利用会带来严重的环境问题，所以一定要遵循能源—资源—环境一体化的理念，方能实现对煤炭尤其是对褐煤的清洁高效可持续利用。

随着全球能源转型的加速，作为我国的主体能源，煤炭的清洁高效转化不仅是实现"双碳"目标的重要路径，还是保障能源安全的关键环节。煤炭资源的合理利用和转化，对于促进经济可持续发展、提高能源利用效率、减少环境污染及保障国家能源安全具有重要战略意义。在这一背景下，推动煤炭的清洁高效转化成为我国能源发展战略的核心组成部分。为此，制定合理的煤炭清洁高效转化发展思路，既要立足我国的基本国情，也要统筹兼顾各方面因素，在推动技术创新与产业融合的同时促进绿色低碳发展。

### （一）规划引领、合理布局、集约发展

煤炭清洁高效转化的成功实施，离不开国家层面的宏观规划布局。我国作为煤炭大国，煤炭在国家能源消费中的比重依然较高。因此，煤炭清洁转化必须与地区经济发展、资源禀赋、环境承载能力等要素有机结合，做到集约发展，最大限度地提高煤炭的利用效率。

### 1. 合理布局和区域差异化发展

合理布局和区域差异化发展即根据不同地区的煤炭资源分布情况、结合当地的产业结构和经济发展需求,实施有针对性的区域发展策略。例如,陕西榆林、内蒙古鄂尔多斯、山西晋北、新疆准东和哈密等地区拥有丰富的煤炭资源,因而适合发展煤制油气等战略性煤化工项目。显然,合理的区域布局有助于资源的最优配置,以减少不必要的资源浪费。

### 2. 科学论证与合理规划

煤炭清洁高效转化项目的规划实施应坚持科学论证,避免盲目。在推动煤炭转化过程中,必须处理好煤炭清洁利用与地区经济发展的关系。应注重环境保护与资源利用的相互协调,避免资源的过度开发。对于不同类型的煤炭资源,要根据其性质和当地的产业发展需求,科学选择适合的转化技术,避免"一刀切"的做法。合理规划和集约发展,有助于提升煤炭资源的综合效益,降低环境负荷,并为未来的可持续发展打下基础。

## (二) 示范引领、传统升级、融合互补

煤炭清洁高效转化的推进不仅依赖新技术的突破,还需要对传统煤化工产业进行有效升级。在这一过程中,关键核心技术的示范先行是促进产业发展的重要策略。同时,推动不同产业之间的融合与互补,打造多元化的煤炭清洁转化产业链,也是推进煤炭清洁高效转化的重要途径。

### 1. 技术创新与产业升级

传统煤化工行业的升级改造是煤炭清洁高效转化战略的重要环节。优化煤炭转化技术应将重点集中在提升环保水平、降低生产成本、提高产品品质和增强市场竞争力等方面。例如,焦化、聚氯乙烯、合成氨、合成甲醇等传统煤化工产品的生产,可通过技术改造实现污染物的减排,并以此淘汰落后产能,提高能效,提升环保水平和降低环境污染。这不仅能推动煤炭产业的现代化,还有助于为产业的可持续发展做好技术方面的准备。

### 2. 融合发展与产业链延伸

煤炭清洁转化产业与其他产业融合发展是提升煤炭资源综合利用效益的重要途径。煤炭清洁转化产业不仅可以与电力、热力等基础设施相关产业相结合,还可以与盐化工、信息技术等新兴产业进行融合。推动煤炭清洁转化

与石油化工产业的融合，可以在一定程度上缓解石化原料不足的局面，并实现资源的高效利用。同时，通过煤炭清洁转化技术与其他产业协同发展，可以形成良性循环的市场格局，推动煤炭资源的高效利用与产业的绿色转型。

### （三）创新引领、产业培育、绿色低碳

煤炭清洁高效转化不仅是一个技术问题，还是一个产业发展和创新问题。在这一过程中，技术创新、产业链培育及绿色低碳理念的贯彻实施，将直接影响煤炭清洁转化产业的未来发展。创新是推动煤炭清洁转化产业发展的核心动力，绿色低碳理念则是实现其长期可持续发展的科学指导思想。

#### 1. 核心技术攻关与创新链布局

实施煤炭清洁高效转化的关键在于技术创新，特别是煤炭转化过程中的核心技术攻关。当前，煤炭清洁转化面临高效催化剂、煤基气化、液化技术等方面的瓶颈，攻克这些技术难关将有助于提升煤炭资源的转化效率，从而减少能耗和污染物排放。此外，围绕创新链布局产业链是煤炭清洁转化产业发展的应有之义，要推动新技术的产业化应用，通过完善技术创新体系，为新技术的转化和推广提供有效通道。可以预见的是，技术的不断突破和优化，将进一步推动煤炭清洁高效转化技术的成熟和普及。

#### 2. 低碳技术与产业化应用

绿色低碳是煤炭清洁高效转化的内在要求。随着全球环保要求的提高和"双碳"目标的提出，煤炭清洁转化行业的从业者必须积极推动低碳技术的应用。低能耗、低成本的碳捕集及资源化利用技术，已经成为煤炭清洁高效转化产业的重要研究方向。例如，$CO_2$ 转化制醇类化学品、驱油技术的商业示范将为推动煤炭资源的低碳化利用，以及煤炭产业的发展提供重要的技术支撑。此外，煤基资源制氢技术的开发也应得到重点关注。尤其是在大规模制氢、分布式制氢、储氢及氢燃料电池技术的产业化方面，煤炭行业更应积极突破技术瓶颈，为氢能产业的规模化应用提供技术保障。

#### 3. 产业培育与发展新业态

煤炭清洁高效转化产业的从业者还应关注新业态的发展。伴随技术的不断进步与市场需求的变化，煤炭转化产业的形态也在不断演化。例如，制氢和储氢技术的结合，将推动煤炭转化与可再生能源的耦合，为煤炭转化行业

开辟新的发展方向。此外，随着智能化技术的应用推广，煤炭清洁转化产业还应朝着智能化、数字化的方向发展，这将进一步提升产业的运行效率和环境管理水平。

## 二、我国煤炭清洁高效转化发展的路径

煤炭作为我国的主要能源，在保障国家能源安全和支持经济发展的过程中发挥了举足轻重的作用。随着环保要求日益严格及"双碳"目标的提出，煤炭的传统利用模式急需进行深度变革。在此背景下，煤炭清洁高效转化技术的发展，就成为推动煤炭产业转型升级的关键。为了加速这一进程，相关决策者应从战略层面布局，加强政策支持、金融支持、科研平台建设等，采取系统性对策，以确保煤炭资源的高效利用与其环境影响的最小化。

### （一）明确煤炭清洁高效转化的战略地位

在当前的能源转型背景下，煤炭依然是我国能源体系中不可或缺的核心组成部分，其战略地位尤为重要。因此，明确煤炭清洁高效转化在能源体系中的定位，既是保障国家能源安全的必要举措，也是推动煤炭行业可持续发展的关键路径。煤炭清洁高效转化不仅涉及技术创新和产业升级，还与国家经济发展、环境保护及能源结构优化密切相关。为了实现资源的最优利用、推动能源结构的绿色低碳转型，煤炭清洁高效转化的战略地位必须在政策层面得到明确，并充分融入国家整体能源战略框架。

煤炭清洁高效转化的战略地位应当从国家能源安全的角度进行审视。尽管全球能源格局日益变化，新能源发展迅速，但短期内煤炭依然是我国能源体系的重要支柱。就目前来看，煤炭是我国的基础能源之一，其开发利用对满足国家基本能源需求和促进经济持续增长具有重要意义。尤其是中西部地区，煤炭资源丰富，且煤炭在能源消费中所占比重较高，因此，清洁高效转化技术在该地区的突破与应用将直接影响我国能源安全保障能力。煤炭清洁高效转化不仅能够提高煤炭的利用效率，减少资源浪费，还能在确保煤炭供应稳定的同时，有效降低环境污染和温室气体排放，有力支撑我国能源产业的可持续发展。

煤炭清洁高效转化对于实现"双碳"目标具有重要的战略意义。作为全

球气候变化和环境污染的应对措施，碳达峰与碳中和已成为我国能源发展的重要目标。在这一大背景下，煤炭行业面临着巨大的发展压力。煤炭清洁高效转化不仅能够提升煤炭的利用效率，还能通过先进的污染控制技术减少煤炭利用过程中产生的碳排放，为实现"双碳"目标做出贡献。通过提高煤炭转化过程中的能源利用率，降低生产过程中的碳足迹，煤炭清洁高效转化可以有效缓解煤炭使用对环境的负面影响，推动我国能源产业朝着更加绿色、低碳的方向发展。

煤炭清洁高效转化的战略地位体现在推动能源结构优化和转型升级方面。我国的能源结构存在煤炭比重较高、清洁能源比重较低的问题，这种不平衡的能源结构在一定程度上制约了我国能源行业可持续发展的进程。煤炭清洁高效转化技术的应用和推广，能够在提升煤炭利用效率的同时，推动新能源与煤炭产业的互补融合。这一过程不仅有助于改善煤炭资源的过度消耗局面，还能在保证能源供应的基础上，促进清洁能源的发展，推动能源结构向低碳、高效、可再生的方向转型。

煤炭清洁高效转化的战略地位体现在产业链和经济发展的联动作用上。随着全球绿色发展趋势的不断推进，煤炭清洁高效转化技术的突破将为我国煤炭行业带来新的发展机遇，从煤炭开采到煤炭转化、产品应用的整个产业链，都将因技术创新而受益。这种创新不仅能够提升产业附加值，还能推动煤化工、电力、化工等相关行业的转型升级，促进经济的高质量发展。在此过程中，煤炭清洁高效转化的相关产业链将创造大量的就业机会，促进地方经济的发展，进一步巩固煤炭行业在国家经济体系中的基础地位。

## （二）建立国家煤制油气战略储备机制

在全球能源市场复杂多变的背景下，煤炭作为我国重要的能源资源之一，仍然在能源结构中占据着举足轻重的地位。煤制油气技术作为一种关键的煤炭深加工方式，不仅能够有效缓解石油、天然气等传统能源的供应压力，还能够增强我国在全球能源竞争中的战略主动性。为了更好地保障国家能源安全，我国应当加快推进煤制油气战略储备机制的建立，优化能源储备体系，实现能源供应的多元化与安全性。

煤制油气战略储备机制的建立有助于在能源供应紧张时更好地保障我国

石油和天然气的稳定供应。随着国际能源市场的不确定性加剧，传统的石油和天然气供应链受到诸多外部因素的影响，可能导致供应中断或价格波动。在此情形下，煤制油气作为替代能源的重要来源，能够提供稳定的能源供应保障。建立国家煤制油气战略储备机制，可以确保我国在能源供应不足或其他突发情况下，能够及时调动储备资源，以维护国家能源安全。

煤制油气战略储备机制的建立能够优化我国能源结构，降低我国对外部能源供应的依赖。在当前全球能源供应格局中，我国对进口石油和天然气的依赖度较高，这使国家能源安全面临较大的外部风险。煤制油气作为一种丰富的国内能源资源，其相关技术的突破与应用，可以减少我国对外部能源的过度依赖，提高能源自主性。通过煤炭资源的高效转化和煤制油气的储备，国家可以更加灵活地调整能源结构，确保能源供应的稳定性，并在国际能源市场波动时，保持一定的应对能力。

煤制油气战略储备机制的建立还能够促进相关产业的发展，推动能源产业的技术创新与转型升级。煤炭资源丰富的地区具有天然的煤制油气优势，但要充分释放这一潜力，还有待于煤制油气技术的进一步发展与完善。储备机制的建立为煤制油气技术的研发和产业化提供了制度准备，为进一步推动煤化工行业向更高附加值的方向发展奠基。此外，煤制油气产品的战略储备不仅可以为能源保障提供有力支撑，还能促进相关产业链的发展，从而推动我国能源产业的全面升级。

煤制油气战略储备机制的建立离不开合理的价格机制。煤制油气产品的价格波动较大，因此，政府可以通过政策手段进行价格调控，避免市场价格剧烈波动对储备体系造成影响。此外，政府也可以借鉴粮食和石油等商品的价格调控机制，结合煤制油气的经济特征，制定相应的储备和调度方案，保障储备产品的价格在市场需求波动时依然具有稳定性。

煤制油气战略储备机制的建立还应当考虑环境保护和可持续发展的要求。尽管煤制油气具有较高的能源安全保障能力，但其生产过程中的碳排放和环境污染问题也不容忽视。因此，在储备机制的构建过程中，相关决策者应充分重视煤炭清洁转化技术的引导和应用，推动煤制油气产业的绿色发展。总之，采用低碳、低排放的煤炭转化工艺，不仅能够提高煤制油气产业整体的环境友好性，还能促进整个能源产业的绿色转型。

## （三）以研发平台建设提升行业科技创新能力

在煤炭清洁高效转化领域，科技创新的核心驱动力之一便是研发平台的建设。加大对国家级和省部级研发平台的投入，能够为该行业的技术突破和产业化进程提供必要的支撑，进而提升整个行业的科技创新能力。研发平台不仅为技术攻关提供科研设施，还为跨学科、跨领域的协作提供操作空间，从而促进产、学、研的深度融合。为推动煤炭清洁高效转化技术的创新，国家级重点实验室、国家技术创新中心、国家工程研究中心和国家能源研发中心等研发平台的建设就显得尤为重要。这些研发平台是国家科技创新体系的重要组成部分，承担着推动煤炭清洁高效转化技术突破和产业化的重任。通过集中力量，整合科研院所、高等院校和优势企业的创新资源，这些平台能够高效地组织技术攻关，集中优势力量攻克煤炭清洁高效转化领域的关键技术难题。它们依托多方资源的协同效应，可以形成强大的技术创新合力；不仅能够提升技术研发的效率，还能加速科研成果的转化应用。

煤炭清洁高效转化研发平台建设应当紧密围绕产业需求，尤其应在水资源减量消耗、二氧化碳减排和产品附加值提升等关键目标上进行技术攻关。这些目标的实现，不仅能推动煤炭产业绿色转型，还对保障能源可持续利用具有重要意义。完善的科研体系不仅能够在原始技术的研发上促成突破，而且能够助力产业链的深度整合。为此，研发平台不仅要发挥技术创新的"策源地"作用，还应成为推动煤炭清洁高效利用产业链延伸的"链长"，在全产业链的创新和优化过程中发挥引领作用。

科技创新平台的建设能够为煤炭清洁高效转化的重大科技项目提供保障。大规模的科技项目涉及多个领域的知识交叉与技术融合，而这一过程的顺利进行离不开完善的研发设施和优质的科研资源。在这一背景下，科技创新平台能够为重大科技项目提供实验条件、技术支持和技术转化通道，保障相关攻关任务能够高质量地实施。此外，技术标准化体系和成果转化机制，能够推动技术从实验室到市场的快速过渡，进而提升煤炭清洁高效转化技术的市场化应用水平。

研发平台的建设应关注技术的多样化发展，在提升煤炭清洁高效转化产品附加值的过程中，要推进从传统煤炭资源到新型能源形态的技术升级。这一过程中，煤炭转化不仅限于传统的能源利用模式，更多是向生产高附加值、低碳环保的新兴能源产品的产业延伸。多元化的技术研发平台的构建，不仅能够促进新型煤化工、绿色制氢、碳捕集与利用等前沿技术的集成创新，而且能够推动煤炭资源的高效利用与低碳转型。

## 本章小结

本章重点探讨了煤炭的分类与用途、煤炭资源的分布现状与特点，以及我国煤炭清洁高效转化的发展趋势，深入分析了煤炭在我国能源结构中的角色及其未来的发展路径。

根据煤化程度的不同，煤炭可分为无烟煤、烟煤和褐煤。无烟煤是煤化程度最高的品种，含有高比例的碳，燃烧时产生的烟尘较少，主要用于高端工业和民用取暖。烟煤作为我国普遍使用的煤种之一，具有较高的热值和良好的燃烧性能，广泛应用于电力、冶金、化工等行业。褐煤是煤化作用的早期产物，挥发分含量高，但燃烧效率相对较低。

从用途上看，煤炭主要分为发电、冶金工业、化工原料和民用燃料四大类，每一种用途都凸显了煤炭的重要性。在煤炭资源的分布现状与特点方面，全球煤炭资源丰富，主要集中在亚洲、北美和澳大利亚等地。我国作为世界上最大的煤炭生产国之一，煤炭资源主要分布在山西、陕西、内蒙古等中西部地区。然而，这些地区煤炭资源的开发也暴露出多种问题，从而制约了煤炭资源的高效利用和可持续发展。

随着环保政策的日益严格和"双碳"目标的提出，我国煤炭清洁高效利用已成为关键的发展方向。目前，煤炭清洁转化技术主要包括煤炭洗选、燃煤超低排放、煤炭气化、煤炭液化及煤基新材料的开发等。煤炭洗选技术能够有效去除煤炭中的杂质，提升燃烧效率并减少污染物排放；燃煤超低排放技术的发展使得燃煤发电厂的排放达到甚至低于燃气机组的水平；煤炭气化技术能够将煤炭转化为清洁气体燃料，如合成气、氢气等，广泛应用于发电、化工等领域；煤炭液化技术能够将煤炭转化为液体燃料，如煤制油等，有助于减少对石油的依赖；煤基新材料的开发推动煤炭向高附加值产品方向发展，如碳纤维、新型煤基化工产品等。

# 第二章　煤炭的分选与处理技术

煤炭的分选与处理技术是提高煤炭利用效率、减少环境污染的重要手段。本章重点探讨煤炭分选与井下选煤技术，煤炭的筛分、破碎、磨碎、脱硫脱硝技术，以及配煤、型煤与水煤浆等关键技术的发展与转化。

## 第一节　煤炭分选与井下选煤技术

### 一、煤炭分选

煤炭分选即依据煤中不同组分的物理和化学特性差异，通过一系列物理或化学方法，将原煤分离成不同品质的产品。在煤炭开采过程中，原煤常有顶底板岩石和夹矸等杂质混入，这些杂质会增加煤的灰分和硫分，降低其利用价值。分选工艺可以有效去除大部分无机矿物质，显著降低灰分和硫分含量，从而提升煤炭产品的质量。

选煤是一项经济有效的清洁煤生产技术，或者说是洁净煤生产技术的源头技术，具有重大的社会经济意义，它已成为衡量煤炭工业现代化水平的重要指标之一。现代选煤方法主要是机械化选煤，即依据煤与矸石在密度、硬度、表面润湿性及电磁性质等物理和化学性质方面的差异，在一定的分选机械中分离煤与矸石，再经过一系列辅助作业，最终获得各种质量规格的煤炭产品。

#### （一）湿法分选

##### 1. 跳汰选煤

跳汰选煤是一种利用垂直升降的变速介质流，依据煤炭颗粒的密度差异对其进行分选的过程。这种选煤技术通过特定介质（通常是水或空气）对煤炭进行有效分选。在跳汰机的工作过程中，被选物料均匀地放置在筛板上，形成一个密集的床层。通过周期性地从筛板下方引入上下交变的水流，物料在水流作用下开始分层。上升的水流使床层变得松散并悬浮，此时矿粒根据其密度、粒度和形状等物理特性进行相对运动，并按密度进行分层。随后，在休止期和下降水流的作用下，床层逐渐变得紧密，分层过程得以继续。当煤粒沉降到筛面上时，床层再次变得紧密，当大部分矿粒停止相对运动，分层基本完成，只有极细的矿粒会继续通过筛隙进行分层运动。当下降水流结束时，一个完整的跳汰周期的分层过程即告完成。

跳汰分选法因工艺系统简单、设备操作和维护方便、处理能力大、投资成本相对较低等优点，在生产中得到广泛应用。它对易选和中等可选性的原煤具有足够的分选精度，因此成为重力选矿中一种重要的分选方法。此外，跳汰选煤能处理的粒度级别范围较广，在 0.5~150 mm 的粒度范围，既可以分级入选，也可以不进行分级直接入选。这种选煤方法适应性强，除极难选的煤炭外，其他类型的煤炭都可优先考虑使用跳汰分选法进行处理。

在跳汰选煤过程中，跳汰机的设计和操作参数对分选效果有决定性影响。例如，跳汰机的筛板设计需考虑物料粒度分布，确保筛板孔隙大小适合不同的粒度物料通过。此外，跳汰机的水流周期、振幅和频率等参数需精确控制，以达到最佳分选效果。这些参数的优化通常需根据具体煤炭特性和生产要求进行调整。

跳汰选煤技术的另一个重点是介质的选择。水是最常用的介质，但空气跳汰机在某些特定条件下也有其优势，例如，在处理含有大量细泥的煤炭时，空气跳汰机可减少泥浆产生，从而提高分选效率。此外，跳汰选煤技术的环保性能逐渐受到重视，通过改进设备设计和操作流程，可以有效减少对环境的影响。

## 2. 重介质选煤

重介质选矿技术是一种极为高效的重力选矿方法，它主要利用流体的密度特性，通过使用密度介于矿石与脉石之间的流体来实现矿石的分离。根据分选媒介的不同，该技术可细分为重液选矿和重悬浮液选矿两大类。重液选矿通常采用由有机溶剂或无机盐溶液构成的液体，而重悬浮液选矿则是通过将高密度固体颗粒与水混合，形成悬浮体系来完成选矿过程。鉴于重液成本较高，回收过程复杂，且部分重液具有毒性或腐蚀性，它们的应用范围主要限于实验室内的矿石浮沉测试。与此同时，国内外在实际选矿操作中，普遍偏好使用磁铁矿粉与水调配的悬浮液作为重介质。这种悬浮液的优势在于其密度可根据需求进行调节，并且使用后易于净化和回收利用，显著提升了选矿的效率和经济性。

在重介质选矿技术的实际应用中，悬浮液的密度调节是关键环节。通过精确控制悬浮液的密度，可以实现对不同密度矿石的精确分离。例如，在处理铁矿石时，悬浮液的密度通常调节至略高于目标矿石的密度，使矿石在悬浮液中沉降，而密度较低的脉石则浮在上面，从而实现分离。此外，悬浮液的稳定性对选矿效果至关重要。悬浮液需保持良好的稳定性以避免固体颗粒沉降，这通常通过添加适量的分散剂来实现。

重介质选矿技术的另一优势在于其对细粒级矿石的处理能力较强。与传统重力选矿方法相比，重介质选矿能更有效地分离出细小矿石颗粒，这对于提升矿产资源利用率具有重大意义。此外，该技术还具备处理量大、选矿效率高、适应性强等特点，因而在多种矿石选矿过程中得到广泛应用。随着科技的持续进步，重介质选矿技术也在不断优化和创新，例如，引入先进的自动化控制系统，可以进一步提升选矿过程的精确度和稳定性，从而增强整体选矿效果。

### 3. 浮游选煤

浮游选煤，通常简称为浮选，是一种利用煤与矸石表面物理化学性质的差异，特别是表面润湿性方面的不同，在固态、液态和气态三相界面进行分离的技术。这一过程首先涉及将煤泥在搅拌桶内调配成特定浓度的煤浆，并且加入一系列特定的药剂，以确保充分的搅拌混合。接着，经过处理的煤浆会进入浮选机，在那里，通过搅拌和充气的作用，矿粒与气泡之间会发生碰撞。由于表面润湿性相对较差，煤粒更容易附着在气泡上，并随着气泡上升至水面，最终形成矿化泡沫层。通过这种方式，精煤得以被回收。与此同时，由于润湿性较好，矸石难以附着在气泡上，因此仍然停留在矿浆中，成为浮选过程产生的尾煤。浮选技术的入料粒度上限通常设定为 0.5 mm，它被认为是目前处理煤泥分选最有效的方法之一，在选煤厂的煤泥水处理以及细粒精煤回收过程中扮演着至关重要的角色。

浮选技术不仅在提高煤炭质量方面发挥着重要作用，而且在环境保护方面也具有显著优势。由于浮选过程可以有效地分离出煤中的杂质，因此能够减少煤炭燃烧时产生的污染物排放。此外，浮选还能回收大量的细粒级煤炭，这不仅提高了煤炭资源的利用率，还减少了对环境的破坏。在选煤过程中，浮选技术的应用可以显著降低尾矿的排放量，从而减轻对土地和水资源的污染压力。

在实际应用中，浮选技术的优化和创新是提高选煤效率的关键。例如，通过改进浮选药剂的配方，可以进一步提高煤粒与气泡的黏附效率，从而提升精煤的回收率。同时，浮选设备的自动化和智能化水平也在不断提高，这有助于实现更加精确和稳定的浮选效果。此外，研究者们还在探索如何将浮选与其他选煤技术相结合，以达到更好的分选效果和经济效益。

（二）干法分选

干法分选技术以投资少、生产成本低、劳动生产率高、精煤回收率高、无须用水、选后精煤水分低、可产出多种灰分产品、适应性强、入料粒度范围广、除尘效果佳、占地面积小、建设周期短、维修量小等一系列特点，对于干旱和严寒地区而言具有特殊的意义。在我国，超过 2/3 的可采煤炭资源位于山西、陕西、内蒙古西部和宁夏等严重缺水地区，因此，无法广泛采用耗水量大的湿法选煤方法来提升煤质。其他许多国家和地区也面临类似问题，例如，美国西部因缺水而限制了该地区丰富煤炭资源的开发与利用。因此，研究和开发新型高效的干法选煤技术，在中国显得尤为迫切。干法分选技术包括空气重介质流化床干法选煤、风力选煤和传感选矿等。

### 1. 空气重介质流化床干法选煤

空气重介质流化床干法选煤技术是一种先进的煤炭分选方法，它利用气固两相流作为分选介质，根据物料的密度差异进行精确高效的分离。这项技术的分选效果可与传统的湿法重介质选煤技术相媲美，甚至在某些方面更胜一筹，因此具有广阔的应用前景。自 20 世纪 60 年代起，许多国家尝试将流态化技术应用于煤炭分选领域，但因技术难题，这些尝试未能实现工业化。然而，我国在这方面取得了重大突破，成功实现了空气重介质流化床干法选煤技术的工业化应用，为水资源匮乏、气候严寒及煤炭易于泥化的地区提供了一个全新的、高效的煤炭分选解决方案。

该技术的创新之处在于，它不仅显著减少了水资源的消耗，还能在极端气候条件下稳定运行，极大提升了煤炭分选的效率和质量。与传统湿法选煤技术相比，干法选煤技术避免了大量废水的产生，对环境的影响更小，符合全球对清洁生产技术的需求。此外，由于操作简便、维护成本低，这项技术在经济性上也具有明显优势，有助于煤炭企业降低运营成本，增强市场竞争力。

### 2. 风力选煤

风力选煤是一种广泛应用于干法选煤领域的技术，主要在开放的外部环境中操作。该技术的核心在于利用煤炭与杂质之间物理性质的差异，尤其是密度上的不同，通过自然风力的作用实现两者的分离。为了达到这一目的，需要构建一个专门的风选环境，在这个环境中，通过精确调节风速和风向，对煤炭进行筛选。在实际应用中，根据风选道中设备设置的工作原理，已经形成了两种主要的风力清洁煤技术路径。一种方法是通过变速气流与机械震荡的配合使用，使得轻质杂质随着气流被带出，而重质的煤炭则得以保留下来；另一种方法是利用循环风产生的涡旋效应，以显著提高矸石与煤炭之间的分离效率，从而最终获得高品质的精煤和可再利用的中煤。这两种技术在核心原理上是一致的，它们之间的主要区别在于风道的结构设计及分离目标的特定性：前一种方法是采用风选过滤的方式，有效地剔除原煤中的矸石成分；而后一种方法则是通过风力筛选的过程，精确地分离出煤矿中的精煤成分。

风力选煤技术的实施，不仅提高了煤炭的利用效率，还减少了环境污染。该技术不需要使用水或其他化学物质，因而是一种环境友好型的选煤方法。在风力选煤过程中，煤炭的品质得到了显著提升，同时，由于杂质的分离，煤炭的燃烧效率也得到了改善。此外，风力选煤技术的应用还降低了后续加工处理的成本，因为它减少了需要进一步处理的物料量。风力选煤设备通常包括风选机、风道、风机和除尘系统等，这些设备的合理配置和优化设计是实现高效选煤的关键。风选机是核心设备，通过产生特定的风速和风向，使煤炭和杂质在风力的作用下实现分离。风道的设计需要考虑风速的均匀分布和物料的流动特性，以确保分离效果。风机为整个系统提供动力，保证风选过程的连续性和稳定性。除尘系统则负责收集和处理选煤过程中产生的粉尘，以减少对环境的影响。

### 3. 传感选矿

传感选矿，即基于传感器技术的矿石分选，主要技术涵盖 X 射线透射（XRT）、近红外光谱（NIR）、颜色识别（COLOR）、电磁感性（EM）、光度（PM）、可见光谱（VIS）等。该工艺通过分离不同类型的矿石，实现选择性分选，同时在分选过程中减少能源和水资源的消耗，能有效降低生产成本。

TDS 智能干选机是一款基于 X 射线透射技术的智能煤矸分选设备，由天津美腾科技有限公司自主研发。其分选精度与浅槽相近，优于动筛、跳汰及其他干选设备，分选精度甚至超过水洗。该设备能够处理粒级为 $25\sim300$ mm 的原煤，矸石带煤率控制在 $1\%\sim3\%$，煤中带矸率在 $3\%\sim5\%$，最大处理能力可达 145 t/h，显著减少地面洗选系统的无效洗选量。TDS 智能干选系统是一个高度集成的煤炭分选解决方案，由给料系统、识别系统、执行系统、供风系统、除尘系统、配电系统及控制系统七大辅助部分协同工作。在选矸作业启动前，系统会先对原煤进行有序排列处理。接着，利用先进的大数据计算技术和智能识别算法，结合 X 射线源的穿透力，对煤与矸石进行精确的数字化识别。通过这一过程，系统能够区分不同密度的物质，并建立精确的分析模型。最终，通过高压风的作用，将识别出的矸石准确排出，以实现煤炭的高效分选。

## 二、井下选煤技术

井下选煤技术涉及在井下硐室和巷道内构建选煤系统，实现煤炭与矸石的有效分离。通过这种方式，矸石可直接用于井下充填或作为采空区的填充材料，而精选的煤炭产品则被输送至地面进行储存。这项技术不仅减少了地面矸石的排放量，还提高了井下资源的利用效率，并且降低了运输和处理的成本。

### （一）井下动筛排矸技术

井下跳汰排矸工艺与地面选煤厂动筛排矸工艺在操作原理上具有相似之

处。在这一过程中，原煤首先会经过 50 mm 的分级处理，随后 50~300 mm 粒级的煤炭会通过机械动筛跳汰分选技术进行处理。通过这种方式，块状的精煤、末级原煤、高频筛筛上物及压滤煤泥等产品会被输送至地面，而那些块状的矸石则被回收用于井下的充填作业。该工艺主要利用水作为分选介质，其好处在于工艺流程相对简单，用水量较少，从而使生产成本降低。尽管如此，这种工艺也有其局限性，比如入料粒度范围受到一定限制，分选的深度和精度都不如重介质分选技术。除此之外，该设备体积较大，对巷道和硐室的尺寸要求较高，因此在地质条件受限的情况下，其应用会受到一定的约束，同时也会导致支护成本的增加。跳汰机的结构相对复杂，需要定期维护，这无疑增加了运行管理的难度。

在实际应用中，井下跳汰排矸工艺的效率和效果受到多种因素的影响。例如，水的温度和水质对分选效果有显著影响，因此需要对水源进行适当的处理和控制。此外，跳汰机的运行参数，如跳汰频率、水流速度和床层厚度，都需要根据具体的煤炭特性和生产要求进行精细调整。为了提高分选精度，有时还需结合其他辅助设备，如脱水筛和浓缩机，以进一步优化产品品质。

尽管存在一些挑战，井下跳汰排矸工艺在某些特定条件下仍然具有明显的优势。例如，在一些地质条件复杂、空间受限的矿井中，该工艺可以有效减少地面设施的建设需求，降低整体投资成本。同时，其操作简便，对于劳动力的技能要求相对较低，这在一定程度上缓解了井下作业人员的培训压力。此外，井下跳汰排矸工艺的环保性能也较为突出，因为它减少了对地面环境的影响，符合现代矿业可持续发展的要求。

（二）井下 TDS 智能干选机排矸

井下 TDS 智能干选机排矸工艺在基本原理上与地面排矸技术保持一致，然而其核心优势在于 TDS 智能干选机的井下部署方式。2018 年，王楼煤矿率先引进了全球首套井下 TDS 智能干选系统，这一举措标志着井下选煤作业迈入了一个全新的时代——实现了井下无人化、全封闭的选煤作业模式。该系统所采用的 TDS 智能干选机设备的独特之处在于无须依赖水资源和介质，同时也不需要进行煤泥水处理，这不仅有效减少了地面矸石的排放量，而且显著降低了洗选过程中的成本。此外，它还提高了原煤煤质的稳定性，确保了煤炭产品的质量。与此同时，该工艺通过减少地面水洗作业，避免了对水资源的污染，从而在提升选煤效率的同时，也实现了环保效益与经济效益的有机结合，为煤炭行业树立了可持续发展的典范。

随着 TDS 智能干选技术的推广和应用，煤炭行业开始关注其在不同地质条件下的适应性和效率。实践证明，该技术不仅适用于王楼煤矿，而且在多种复杂地质条件下均能保持高效稳定的作业性能。TDS 智能干选机的引入，使煤炭企业能够更加灵活地应对市场变化，快速调整生产策略，从而增强企业的市场竞争力。此外，该技术的应用还促进了煤矿安全生产水平的提升，因为井下作业环境的改善，降低了工人在恶劣条件下的劳动强度，提高了作业安全性。

## 第二节　煤的筛分、破碎与磨碎技术

### 一、煤的筛分

在带孔的筛面上使物料按粒度大小得到分级的过程称为筛分。筛分所用的机械统称为筛分机械（或称"筛子"），筛分机上的主要工作部件称为筛面。筛面可以是倾斜放置的固定隔条，也可以是带冲孔的筛板和编制的金属筛网，或是由几个倾斜安装的轮轴组合而成。在筛分机上，筛面可铺设一层，也可铺设二层或三层。一层筛面可得到分别来自筛上和筛下的产物，二层筛面则可得到三种筛分级别的产物。

筛分机应用范围非常广。凡是按粒度进行分级的物料，一般均需采用筛分机，如矿石、焦炭、粮食等。煤炭筛分主要用于以下方面。

第一，筛出大矸石。有时采用选择性破碎机，也可与手选配合，以降低原煤灰分，减少运输量。

第二，在选煤厂，配合煤的精选过程进行的筛分作业，被称为选前筛分；而精选后的煤炭产品按粒度分级进行筛分的作业，则被称为选后筛分。此外，还包括辅助筛分及产品脱水、脱泥、脱介等作业。因此，筛分机在选煤厂的应用非常广泛。

第三，对原煤进行筛分。煤炭性脆易裂，矸石则相对不易破碎，因而原煤中，细粒级往往灰分较低、质量较好，粗粒级则灰分较高、质量较差。将原煤筛分成不同粒级的品种，可以实现对路销售，这既增加了煤炭企业的收益，也提升了用户的技术经济效益。此外，筛分过程有助于大量节能，减少污染，并降低运输量。专门从事煤炭筛分加工的工厂，被称为筛选厂。

（一）筛分效率

在筛分过程中，人们通常期望物料粒度能够精准地按照筛孔尺寸进行分级，确保所有小于筛孔尺寸的颗粒都能全部透筛。但由于各种因素的影响，总有一小部分小于筛孔尺寸的物料混到筛上产物中。筛上产物中所含的细粒级量越多，说明筛分的效果越差。为了定量评估筛分效果的优劣，引入"筛分效率"概念是有必要的。筛分效率是指实际筛出的筛下物数量与入料中所含筛下粒级数量的比值。在筛子结构参数和工艺参数一定的条件下，筛分效率的高低受到入料的粒度组成、物料形状和入料湿度等因素的影响。

**1. 入料的粒度组成**

在筛分过程中，我们注意到，那些粒度直径小于筛孔尺寸的 3/4 的颗粒，能够较为轻松地穿过筛孔，从而成为筛下物。这类颗粒因其容易通过筛孔的特性，被我们称为"易筛粒"。相对地，那些粒度大于筛孔尺寸 3/4 的颗粒则显得较难透过筛孔，因此被称作"难筛粒"。此外，还有一种粒级，其粒度大小介于筛孔尺寸的 1~1.5 倍，这种粒级的颗粒在料层中存在时，会形成一种阻碍，使"难筛粒"更难通过筛孔，这种粒级我们称为"阻碍粒"。从筛分的效率来看，如果入料中含有较多的"易筛粒"，同时含有较少的"难筛粒"和"阻碍粒"，那么筛分过程将会变得更加容易进行。这样一来，筛分的效率和筛子的生产率自然也会随之提高。

为了进一步提高筛分效率，筛分设备的设计和操作参数需要得到精心调整。例如，筛面的倾角、振动频率和振幅等参数都会对筛分效果产生显著影响。一个适宜的倾角可以确保物料在筛面上顺畅移动，而不会堆积或滞留。振动频率和振幅的调整则能够影响颗粒的运动状态，从而影响筛分速度和精度。此外，筛网的材质和孔型设计也是影响筛分效果的重要因素。筛网材质需要具备足够的强度和耐磨性，以承受长时间的物料冲击和摩擦。孔型设计则需要根据筛分物料的特性来确定，以确保筛分的准确性和效率。

## 2. 物料形状

在使用方孔筛和圆孔筛进行筛分作业时，我们注意到那些形状接近球体、立方体及多面体的物料，相较于那些条状、扁平状和板状的物料，更容易通过筛孔。这是因为球体或立方体的物料在筛分过程中能够更顺畅地穿过筛孔，而条状或扁平状的物料则可能因其形状而卡在筛孔中，从而降低筛分的效率。因此，物料的形状对于筛分效率和生产效率有着直接的影响。

为了优化筛分过程，提高生产效率，选择合适的筛网孔径至关重要。孔径的大小必须与物料的粒度相匹配，以确保筛分的精确度。例如，对于细小的物料，应选择较小孔径的筛网，以防止物料通过筛孔流失；而对于较大的物料，则需要选用较大孔径的筛网，以确保物料能够顺利通过。此外，筛网的材质和结构也会影响筛分效果，因此在选择筛网时，还需考虑筛网的耐用性和筛分过程中的物料冲击力。

## 3. 入料湿度

在物料处理过程中，表面水分含量的增加会对筛分效率和生产率产生显著影响。当物料表面的水分含量逐渐上升时，筛分效率和生产率通常会呈现出下降的趋势。这是因为水分的增加导致物料更容易打团，尤其是对于那些细粒物料和含有泥质的物料来说，筛面上的物料会黏结成团块，而这会妨碍物料的正常析离，即分层作用无法顺利进行。此外，部分细小的颗粒会黏附在筛丝上，导致筛孔被堵塞，使筛下部分的物料难以顺利透过筛网。然而，值得注意的是，当表面水分含量继续增加，超过某个特定的限度后，物料之间的黏结力会开始减弱，物料逐渐获得一定的游动性。这种变化反而有利于细粒物料的透筛，因此筛分效率会有所回升。这种现象在细粒物料的筛分过程中尤为显著。

为了应对物料表面水分含量变化对筛分效率的影响，筛分设备的设计和操作人员需要采取相应的措施。首先，可以通过调整筛分设备的振动频率和振幅来适应不同水分条件下的物料筛分。在物料表面水分含量较低时，增加振动频率有助于提高筛分效率；而在水分含量较高时，则可能需要降低振动频率以减少物料黏结。其次，筛网的选择也至关重要。使用具有适当孔径和材质的筛网可以减少筛孔堵塞的可能性，并提高筛分的精确度。此外，筛分前对物料进行预处理，如使用热风干燥或化学添加剂来降低表面水分，这也是提高筛分效率的有效方法。最后，定期对筛分设备进行维护和清洁，确保筛网和筛分机械的正常运作，也是保证筛分效率和生产率的重要措施。

（二）筛分机械

筛分机械种类繁多，一般按筛面的结构形式和运动形式分为固定筛、滚筒筛和振动筛。下面将重点论述振动筛。

振动筛是一种应用非常广泛的筛分设备，属于通用机械范畴，在煤炭、冶金、化工建材等多个行业都有应用。在选煤厂的筛分、脱水、脱泥、脱介等生产环节，基本上都有振动筛在工作。振动筛利用机械或电磁的方法使筛箱振动，依振动原理进行筛分作业。根据振动方式的不同，振动筛主要分为强迫振动筛（通称"振动筛"）和共振振动筛（通称"共振筛"）两大类。强迫振动筛是在超共振点工作，而共振振动筛是在近共振点工作。

振动筛由筛箱、激振装置、传动装置及支承或吊挂装置组成。筛箱通过弹簧支承或吊挂在机架上，筛箱的振动由激振器产生。物料在筛面上做跳跃运动，并透过筛孔而得到筛选。振动筛是一个弹性振动系统，其振幅会因给料量和其他动力学因素的变化而相应调整。在共振筛的设计中，弹性体包括主振弹性体和用于隔离筛子与建筑物之间振动传递的隔振弹性体。

## 二、煤的破碎

所谓破碎，是指煤块在外力作用下遭到破坏，以达到所需粒度的过程，用于破碎的机械则被称为破碎机。根据破碎产物的粒度，破碎作业可分为粗碎、中碎、细碎和粉碎四个类别。一般将破碎至 25 mm 以上的作业定义为粗碎；破碎到 6~25 mm 的作业为中碎；1~6 mm 为细碎；1 mm 以下为粉碎（也称磨碎）。粗碎常用设备包括单齿辊、双齿辊和颚式破碎机，中碎和细碎则多用锤式破碎机、反击式破碎机和笼型破碎机，粉碎则采用球磨机等设备。

各种形式的破碎机是依靠下列五种作用将煤块破碎的：压碎、劈碎、折断、磨细、冲击。实际上，无论哪种破碎机都综合运用了上述几种方法，只不过侧重点不同。例如，齿辊破碎机以劈裂为主，锤式和反击式破碎机以冲击为主，颚式破碎机以压碎为主，等等。很多情况下为避免煤炭过度粉碎，煤用破碎机应优先考虑使用劈碎和冲击作用，而压碎作用则最好用于破碎硬煤和矸石。

破碎的机械主要包括：①颚式破碎机。颚式破碎机俗称"老虎口"，是破碎硬物料最有效的设备。其可动颚板绕悬挂轴或可动轴对固定颚板做周期性的靠近和离开运动，当动颚板靠近定颚板时，位于两颚板间的物料主要受到挤压作用力而破碎；而当动颚板离开定颚板，已破碎的物料在重力作用下通过破碎机排料口排出。②辊式破碎机。辊式破碎机有单齿辊破碎机和双齿辊破碎机两种类型。前者辊齿较长，主要用于粗碎；后者齿辊较短，适用于中碎。辊式破碎机的主要破碎方式是劈碎。

## 三、煤的磨碎

将物料磨制成细粉（<1 mm）的过程称为磨碎。执行此过程的机械被称为磨碎机。

磨碎作业在煤炭加工和利用中扮演着关键角色，它被用于煤粉燃烧，水煤浆、油煤浆的制备及利用煤矸石制造建材等方面。另外，磨碎在选矿工业、化学工业和建材工业等领域都发挥着极其重要的作用。磨碎机种类很多，常见的如下。

### （一）球磨机

球磨机是一个直径介于2~4m、长介于3~10m或更长的圆柱形筒体设备。筒体的长度通常取决于磨矿细度，磨矿细度越细，则磨机的长度越长。筒内装有众多直径为30~60 mm的钢球，其装载量占筒体体积的20%~45%。钢球按不同球径进行组合使用。当电动机带动圆筒旋转时，球被提升到一定高度后落下，筒中的物料一方面受球的撞击，另一方面也受球移动时的研磨作用而被磨碎。筒内壁上装有护板，护板表面呈波浪形或其他形状，使球在筒内不易沿壁滑下，而是被举到适当高度后再落下。物料达到磨碎要求后，便从筒体内排出，湿磨时，物料顺水流出；干磨时，物料靠抽风或自然排料方式排出。

钢球磨煤机用于磨硬度不同的各种煤炭（给料粒度小于15 mm），供热电厂所需。球磨机工作时，圆筒按一定转速旋转。热空气与煤由筒的一端给入，煤受球的撞击和研磨作用而被磨碎。部分已磨细的煤粉随空气流从另一端排出。热空气流的作用是干燥和运输煤粉，其流速决定了被带出煤粉的粗细。

其中，过粗的煤粉将被粗粉分离器分离出来，经过粉管再送回筒内磨碎。

球磨机的转速对其工作情况有很大的影响：转速太低时，球上升高度不大就往下滑落，这时煤磨得不好，同时磨制的煤粉也不易从钢球层中吹出来；当转速合适时，球上升较高后，才会被抛落下来，这时煤受球的冲击和研磨作用而被磨得很细；当转速过高时，由于离心力的作用，球贴在壁上随着筒体旋转，这时就起不到磨碎作用或磨碎作用很差。开始出现球贴在壁上随筒体旋转现象的转速为临界转速。

球磨机的最大优点是通用性广，可以磨各种物料，工作可靠；缺点是设备笨重庞大，占地面积大，且耗电量大，运行噪声也大。

## （二）棒磨机

棒磨机和溢流型球磨机在设计上基本相似。然而，棒磨机的独特之处在于其使用圆棒作为研磨介质，而不像球磨机采用钢球作为研磨介质。棒磨机中棒的直径通常为 40~100 mm，且棒的长度一般比筒体长度短 25~50 mm。为了防止筒体旋转过程中因钢棒歪斜而产生乱棒现象，棒磨机的锥形端盖内表面在铺设衬板后被设计成平的。

棒磨机主要是利用棒滚动时产生磨碎和压碎的作用来破碎矿石的。当棒磨机转动时，棒只是在筒体内进行位置交换。棒磨机不只是用棒的某一点来打碎矿石，而是以棒的全长来压碎矿石。因此，在较大块矿石被破碎前，细粒矿石很少受到棒的冲击，这降低了矿石过度粉碎的风险，并有助于得到粒度比较均匀的磨碎产品。棒磨机的转速通常设定在临界转速的 60%~70%；充填率一般为 35%~40%；给矿粒度不宜大于 25 mm，否则会使棒歪斜，进而导致棒的弯曲和折断，从而严重影响磨矿效果。棒磨机一般在第一段开路磨矿中用于矿石的细碎和粗磨。在钨、锡或其他稀有金属的重选厂或磁选厂，为了防止矿石过度粉碎，棒磨机成为首选设备。

## （三）中速磨煤机

平盘式中速磨煤机主要工作部件是平磨盘和磨辊。磨盘由电动机带动旋转，磨辊则绕固定轴在磨盘上滚动，煤加在磨盘上后会被磨辊研成煤粉。磨辊研压煤的压力一部分是其本身的重力，但主要靠弹簧的压力。空转时磨盘和磨辊间有不大的空隙，这是为防止磨损。此外，为了防止煤从磨盘上滑出，磨盘外缘装有一圈挡环，这可以使磨盘上的煤层保持一定的厚度，从而提高磨煤效率。热空气通过磨盘四周进入磨盘上空，磨成的煤粉被这股上升气流卷吸，被带往上面的粗粉分离器；过粗煤粉被分离出来又落回到磨盘上，重新再磨。磨盘周围还装有一环形带叶片的风叶轮与磨盘一起转动，这有助于把磨制成的煤粉带走。磨盘上有可更换的衬板，磨辊上有可更换的滚套，以备原件磨损严重后更换。

由于中速磨煤机主要是利用研压的方式磨煤，而且煤在磨煤机中扰动不大，故干燥过程并不强烈。但这也导致当煤的水分过大时，煤就可能被压成煤饼而不能被迅速地磨碎。因此，水分大于12%的煤不适用中速磨煤机；另外，煤太硬（可磨系数大于1.2）或灰分过高都会导致磨煤机磨损太快。不过，中速磨煤机仍具有一些优点，如省钢材、耗电少、占地面积小、噪声小等。

（四）高速磨煤机

风扇式磨煤机是高速磨煤机的一种，由叶轮、机壳、轴等组成。叶轮如同风扇的转子，其上组装有8~12块锰钢叶片，这些叶片被称为冲击板，机壳上装有可拆换的耐磨护板。这种磨煤机的转速为500~3000 r/min。原煤随干燥剂（热气流）进入磨煤机后被冲击板击碎，而煤粒被抛到机壳护板上时也可以被掷碎。合格的煤粉经粗碎分离器由干燥剂带出，过粗的煤粒则回落到磨煤机以进一步磨碎。

风扇式磨煤机的主要优点是：①既能磨煤又能鼓风，产生约2000 Pa的压力的同时，又可省去排煤机的安装，使制粉系统得到简化；②通风和干燥能力强，适用于多水分的褐煤以及可磨系数大于1.5的烟煤；③结构简单紧凑，制造方便，占地面积小，金属耗量小，投资低。其主要缺点是磨损比较严重，检修周期短。叶轮圆周速度越大，其磨损就越严重，所以在实际生产过程中，操作人员一般将叶轮圆周速度控制在85 m/s以下。

# 第三节　煤炭的脱硫脱硝技术

## 一、采用脱硫脱硝技术的意义

脱硫脱硝技术是减少煤炭燃烧产物对空气质量影响的有效手段。脱硫过程可以脱去二氧化硫，而脱硝则用于脱去氮氧化物。这两种气体物质的有效脱除，对于环境的改善是非常有利的。因此，脱硫脱硝技术的推广和应用能满足社会对清洁空气的需求，而且对于企业来说，承担起环境保护的责任是其实现长期发展的关键。企业必须主动更新自己的设备，扩大脱硫脱硝技术的应用范围，以进一步推进环境保护。对于国家来说，引导并监督企业应用脱硫脱硝技术是促进工业可持续发展的重要策略，也是实现环境保护目标的重要方式。总之，烟气脱硫脱硝技术的应用不仅有效地保护了自然环境，还响应了环保的号召，对于促进环境和资源经济的可持续发展有重要的作用和深远的意义。

## 二、脱硫脱硝技术的现状

### （一）脱硫技术

#### 1. 氨法脱硫

在众多湿法脱硫技术中，氨法脱硫技术因其显著的性能脱颖而出，是一种被广泛认可并应用的脱硫方法。该技术主要依赖于氨水吸收剂与二氧化硫之间的化学反应，以实现烟气中二氧化硫的有效去除。采用氨法脱硫技术处理烟气时，脱硫效率极高，可达到97%。此外，使用氨水作为吸收剂不仅利用率高，而且能源消耗相对较低。氨法脱硫技术的一个额外优势是其副产品可转化为农业所需的肥料，从而促进了资源的循环利用。尽管氨法脱硫技术适应了我国当前的环保需求，但它并非完美无缺。例如，在实际应用中，该方法可能无法完全净化废气，有时还会在运行过程中产生其他污染大气的物质。此外，尽管氨法脱硫的副产品可以作为肥料使用，但肥料市场销售的不稳定性，使氨法脱硫技术的经济收益存在一定的不确定性，无法保证稳定的利润。

在分析氨法脱硫技术的优缺点时，我们还应考虑到，该技术在运行过程中对设备的要求较高。由于氨水具有一定的腐蚀性，因此需要使用耐腐蚀材料来制造相关设备，这无疑增加了初期投资成本。同时，氨法脱硫系统需要精确地控制和监测，以确保反应的高效进行和副产品的质量，这要求操作人员具备较高的技术水平和丰富的经验。此外，氨法脱硫技术在处理高浓度二氧化硫烟气时，可能会遇到效率下降的问题，这需要通过优化工艺流程和设备设计来解决。

尽管面临上述挑战，氨法脱硫技术在环保领域仍具有广阔的应用前景。随着环保法规的日益严格和公众环保意识的提高，氨法脱硫技术有望得到进一步的改进和发展。未来的研究可能会集中在开发新型高效氨水吸收剂、优化脱硫工艺流程、降低设备成本及提高副产品的市场价值等方面。通过这些努力，氨法脱硫技术将更加符合可持续发展的要求，为减少工业排放对环境的影响做出更大的贡献。

### 2. 半干法脱硫

半干法脱硫技术是一种高效的烟气处理方法，它主要利用石灰作为脱硫剂。在这一过程中，先将石灰研磨成极细的粉末，随后与水混合并搅拌，形成一种能够被吸收的浆液。经过消化处理，这些石灰粉与水结合，进一步制备成用于脱硫的吸收剂浆液。在脱硫塔内，这种吸收剂浆液与含有二氧化硫的烟气进行充分接触和混合。通过化学反应，烟气中的二氧化硫与浆液中的氢氧化钙发生反应，从而有效地将二氧化硫从烟气中移除。反应后形成的干粉状脱硫产物会被送入布袋除尘器，在这里进行进一步的净化和除尘处理。经过除尘处理的烟气变得清洁，达到排放标准，随后就可以通过风机的抽引作用，最终排入大气中。半干法脱硫技术的一个显著优点是整个脱硫过程中不会产生废水，而且脱硫副产品是干态的，便于处理和利用。然而，这种方法也有其缺点，比如脱硫后除尘的负荷会显著增加，烟尘的特性会发生较大变化，导致烟道磨损加剧，除尘难度增大。因此，半干法脱硫技术的应用可能会导致投资成本和运行费用的增加。

此外，半干法脱硫技术在实际应用中还面临一些技术挑战。比如脱硫过程中产生的干态副产品需要妥善处理，这就要求有相应的设备和工艺来收集和处理这些物质。这些副产品通常含有大量的硫酸钙，需要进行进一步的处理才能转化为可用的资源，例如作为建筑材料的原料。此外，脱硫效率与烟气的温度和湿度密切相关，因此需要精确控制吸收塔内的操作条件，以确保脱硫效率和系统的稳定运行。

### 3. 石灰石脱硫

石灰石脱硫法是烟气脱硫技术领域广泛采用的一种方法。该技术主要依赖于石灰石与石膏的湿法脱硫过程，通过使用碳酸钙等固体物质，先将它们制成料浆，然后将这种碱性料浆应用于烟气脱硫技术。其核心过程涉及将碱性料浆与烟气进行相互作用和化学反应，使烟气中的硫化物质能够有效地溶解于水。随后，这些溶解的硫化物质与碳酸钙浆液接触，进而转化成亚硫酸钙。这种脱硫技术的效率非常高，能够实现 95% ~ 99% 的脱硫率，同时具有较好的稳定性。在这一强氧化反应的过程中，石膏作为石灰石脱硫法的副产品之一，具有多种应用价值，可以被用于建筑、农业等多个领域。然而，如何妥善处理产生的大量石膏，也成为需要重点关注和解决的问题。尽管如此，采用石灰石脱硫法不仅能够有效地预防和减少空气污染，还能确保通过适当的处理和利用方式，使这些副产品得到合理的应用和再利用。

此外，石灰石脱硫法在环保领域还有其他显著优势。由于脱硫效率高，它有助于减少对环境的长期影响，尤其是控制酸雨。酸雨对森林、湖泊和建筑物等都有潜在的破坏作用，因此，通过减少硫化物的排放，石灰石脱硫法间接地保护了这些生态系统和人造结构。此外，该技术的运行成本相对较低，这使它在工业应用中更具吸引力。尽管初期投资可能较高，但长期来看，由于运行和维护成本较低，石灰石脱硫法的整体经济效益是显著的。

### 4. SDS 干法脱硫

SDS 干法脱硫技术通过使用脱硫剂（$NaHCO_3$）的超细粉末与烟气进行充分混合和接触，在催化剂和促进剂的作用下，能够与烟气中的 $SO_2$ 迅速反应。在反应器、烟道及布袋除尘器中，脱硫剂的超细粉末持续与烟气中的 $SO_2$ 进行反应。该反应既迅速又彻底，能在 2 秒内生成副产物 $Na_2SO_4$。随后，通过布袋除尘器回收这些副产物，并将其作为化工原料进行再利用。

## （二）脱硝技术

### 1. 选择性催化还原技术

选择性催化还原技术（Selective Catalytic Reduction，SCR）是一种在燃烧后阶段实施的高效脱硝技术。其核心工作原理是借助催化剂，促进烟气中的氮氧化物与氨发生化学反应。在这一过程中，氮氧化物被转化为无害的水和氮气。SCR 技术的脱硝效率相当高，能够实现约 90% 的脱硝率。然而，为了保证反应的高效性，必须严格控制反应环境的温度，通常需要维持在 300℃ 到 400℃ 之间。由于其在脱硝方面的高效率和可靠性，SCR 技术在工业中得到了广泛的应用，成为一种重要的烟气净化技术。

SCR 技术的催化剂通常由钛酸盐、钒酸盐或其他金属氧化物构成，这些材料能够提供充足的表面积和活性位点，以促进氮氧化物与氨的反应。值得注意的是，催化剂的性能直接关系到 SCR 系统的效率和寿命，因此选择合适的催化剂材料和设计是 SCR 系统成功的关键。此外，SCR 系统还需要配备相应的氨储存和注入系统，以确保氨能够均匀且准确地注入烟气中，与氮氧化物充分反应。

在实际应用中，SCR 技术也面临一些挑战。例如，氨逃逸问题，即未反应的氨可能会随着烟气排放到大气中，造成二次污染。因此，SCR 系统的设计和操作需要精心控制，以实现氨逃逸最小化。此外，SCR 技术的运行成本相对较高，因为需要定期更换催化剂，并且氨的储存和处理也需要额外的费用。尽管如此，由于其高效的脱硝性能，SCR 技术仍然是目前控制氮氧化物排放的主流技术之一。

### 2. 选择性非催化还原技术

选择性非催化还原技术（Selective Non-Catalytic Reduction，SNCR）主要应用于燃烧过程的后期阶段。SNCR 技术必须在 800 ℃ 至 1000 ℃ 的高温环境下执行，以促进氮氧化物与氨类化合物之间的充分化学反应。这一反应将氮氧化物转化为氮气，可显著降低烟气中氮元素的含量，并有效减少氮氧化物排放。同时，高温反应有助于物质的活化，以减少对催化剂的依赖。通过精确控制氮氧化物与氨类化合物的反应程度，可以有效管理脱硝过程。尽管 SNCR 技术操作简单、成本较低，但其脱硝效率约为 30%，较低的脱硝率可能导致二次污染。因此，该技术急需进一步改进和完善。

为提升 SNCR 技术的脱硝效率并减少二次污染，研究人员正在探索多种改进策略。一种方法是优化喷射系统设计，确保氨类化合物在燃烧区域均匀分布，从而提高反应效率。同时，研究者也在开发新型催化剂，尽管 SNCR 技术旨在减少催化剂使用，但适量的催化剂能显著提升反应速率和选择性，进而提高脱硝效率。还有研究者建议将 SNCR 技术与 SCR 技术结合使用，以达到更高的脱硝效率。

## （三）同时脱硫脱硝技术

### 1. 干式脱硫脱硝技术

在当前的干式脱硫脱硝技术领域，尽管选择性催化还原技术（SCR）未被直接提及，但通过类比可以明确地展示其在该领域的重要性。SCR 是一种高效且成熟的同步脱硫脱硝技术，其核心优势在于利用特定的催化剂来加速化学反应。当煤炭燃烧产生的烟气通过装有催化剂的反应器时，通过精确控制注入的氨气量，使其在催化剂表面与烟气中的氮氧化物和硫化物发生选择性催化还原反应。这一过程能够在相对较低的温度下有效地将这些有害物质转化为氮气、水蒸气及硫酸盐等无害或低害的物质。选择性催化还原法不仅实现了脱硫和脱硝的双重目标，而且确保了处理过程的高效率。另外，该技术产生的副产物处理起来相对简便，有利于实现资源的循环利用。因此，SCR 技术在促进环境保护与可持续发展的和谐统一方面发挥着重要作用。

此外，选择性催化还原技术在工业应用中还具有显著的经济效益。由于其能够在较低的温度下运行，因此相对于其他高温处理技术，SCR 技术能够显著降低能源消耗，减少运行成本。同时，SCR 技术的高选择性意味着它能够针对特定的污染物进行反应，从而减少不必要的化学物质消耗，进一步提高经济效益。此外，SCR 技术系统的设计和操作灵活性较高，可以根据不同的工业排放标准和要求进行调整，以满足不同工厂的特定需求。

在环保法规日益严格的当下，SCR 技术的应用显得尤为重要。随着全球对减少温室气体排放和改善空气质量的共识加强，SCR 技术作为一种有效的污染控制手段，得到了广泛的应用和推广。它不仅能够帮助工厂满足日益严格的环保标准，还能提升企业的社会形象，展现企业对环境保护的承诺和责任。因此，SCR 技术在推动工业可持续发展和环境保护方面扮演着不可或缺的角色。

### 2. 湿式脱硫脱硝技术

在湿式脱硫脱硝技术领域，存在两种主要的技术方法，即氯酸氧化技术和配合吸收技术。氯酸氧化技术主要用于去除二氧化硫和氮氧化物这两种有害气体。该技术的运作主要分为两个阶段，先是通过氧化吸收塔进行处理，该塔负责氧化并吸收二氧化硫、一氧化氮及一些有毒金属。随后，碱式吸收塔接手，主要针对其他残余的酸性气体进行进一步的处理。在使用这些塔的过程中，通常需要配合使用氢氧化钠作为吸收剂，以提高处理效率和效果。

配合吸收技术是一种相对较新的技术，它涉及金属螯合物在中性或碱性环境中的应用，通过与亚铁离子的配合，形成新的螯合物。这种新形成的螯合物能够吸收一氧化氮，并将其转化为对环境无害的物质。此外，这种技术还能够处理一氧化氮溶解之后产生的其他污染气体。尽管配合吸收技术在理论上具有很大的潜力，但目前仍处于发展的初级阶段，因此在实际应用中普及率并不高。

随着环保法规的日益严格和公众对空气质量要求的提高，湿式脱硫脱硝技术得到了快速发展。除了上述提到的氯酸氧化技术和配合吸收技术，还有其他一些创新方法正在被开发和应用。例如，生物脱硫技术利用微生物的代谢作用来转化硫化物，这种方法具有成本低、效率高的优点，但其处理能力受到微生物种类和环境条件的限制。

此外，电化学脱硫脱硝技术也逐渐受到关注，它通过电极反应来实现硫化物和氮化物的去除。这种方法可以实现较高的脱除效率，并且对环境友好，但目前面临着电极材料成本高和能耗较大的问题。研究人员正在努力寻找更经济的电极材料和优化工艺流程，以降低整体运行成本。

在实际应用中，这些技术往往需要根据具体的工业排放特点和环境要求进行定制化设计。例如，在火力发电厂，由于燃烧过程中会产生大量的二氧化硫和氮氧化物，因此需要采用更为高效和稳定的脱硫脱硝系统。而在化工行业，由于排放物种类繁多且复杂，可能需要结合多种技术来达到最佳的净化效果。

未来，随着技术的不断进步和创新，湿式脱硫脱硝技术有望实现更高的处理效率和更低的运行成本，从而为改善空气质量做出更大的贡献。

## （四）除尘技术

### 1. 机械除尘

机械除尘技术是一种传统且广泛使用的除尘方法，其核心原理是利用颗粒物的物理特性，如重力、惯性和离心力等，以实现颗粒物在气流中的分离和去除。机械除尘设备通常适用于较大颗粒物的去除，具有结构简单、运行稳定、维护成本较低等特点。根据除尘原理的不同，常见的机械除尘设备主要包括重力沉降室、惯性除尘器和旋风除尘器。

（1）重力沉降室

重力沉降室是一种基础的机械除尘设备，它主要依赖于颗粒物的重力作用来实现分离过程。当含有尘埃的气流进入沉降室时，气流的速度会显著降低，这使较大的颗粒物由于重力的影响而逐渐沉降至沉降室的底部，而那些较小的颗粒物则会继续随着气流向前移动。沉降下来的粉尘可以通过定期的人工清理或者自动化的排放装置来处理和移除。这种除尘方式的主要优点在于其设备结构相对简单，投资成本较低，维护起来也较为方便，特别适合于处理那些较大的颗粒粉尘。然而，由于这种设备仅仅依赖于重力作用，它的除尘效率通常不会很高，对于微细颗粒物的去除效果也相对有限。因此，重力沉降室通常被用在除尘系统的预处理环节，也就是说，它作为前端设备被部署在系统中，以减少后续除尘设备的工作负荷，从而提高除尘系统的整体效率。

在设计重力沉降室时，需要考虑多个因素以确保其高效运行。首先，沉降室的尺寸设计至关重要，它需要足够大以确保气流速度降低到一个适宜的水平，从而允许颗粒物有足够的时间沉降。其次，沉降室的形状也会影响除尘效率，通常采用长方形或圆形设计，以减少气流中的湍流和涡流，从而提高沉降效果。最后，沉降室的内部结构，如挡板和隔板的设置，也可以进一步降低气流速度和增加颗粒物与空气的接触时间，从而提高除尘效率。

在实际应用中，重力沉降室常常与其他类型的除尘设备结合使用，以达到更好的除尘效果。例如，它可以与旋风除尘器或布袋除尘器组合，形成一个多级除尘系统。在这样的系统中，重力沉降室首先去除大部分大颗粒粉尘，减轻后续设备的负担，使旋风除尘器或布袋除尘器能够更有效地处理剩余的细小颗粒物。这种组合方式不仅提高了整体的除尘效率，还延长了后续设备的使用寿命，减少了维护成本。

总之，重力沉降室作为一种简单而有效的除尘设备，在工业除尘领域仍然占有重要的地位。通过合理的设计和与其他除尘设备的配合使用，它能够为工业生产提供一个清洁的环境，同时降低运营成本。

（2）惯性除尘器

惯性除尘器的工作原理是利用粉尘颗粒的惯性特性。具体而言，当含有粉尘的气流通过惯性除尘器时，若遭遇急剧的方向改变或撞击到障碍物，较大的颗粒由于惯性作用无法迅速改变方向，从而与气流分离并沉降至收集区域。与此同时，较小的颗粒则能较轻松地随气流继续前进。

惯性除尘器的结构设计通常较为紧凑，这使其非常适合去除粒径较大的粉尘颗粒，特别是在处理比重较大的颗粒物，如煤粉、矿石粉尘时表现出色。其优点包括无须额外动力消耗、运行稳定可靠及维护相对简单。然而，它对小于 $5\mu m$ 的细微颗粒物去除效果不佳。因此，在实际应用中，惯性除尘器通常与其他高效除尘设备（如袋式除尘器或电除尘器）联合使用，以提升整体除尘效率，确保空气清洁度达到更高标准。

选择合适的除尘设备时，需要综合考虑粉尘性质、处理风量、排放标准和经济成本等因素。由于结构简单、成本低廉，惯性除尘器特别适合在粉尘浓度高、颗粒较大的场合使用。例如，在水泥厂、冶金厂和火力发电站等工业生产过程中，惯性除尘器可作为初级除尘设备，有效减轻后续除尘设备的负担。

为了进一步提升惯性除尘器的除尘效率，研究人员和工程师们不断探索和改进其设计。例如，优化气流通道的几何形状可增加粉尘颗粒与气流的碰撞机会，从而提高除尘效率。此外，一些新型惯性除尘器集成了预分离器，能预先分离出一部分较大颗粒，从而减轻主除尘器的负担，提高整体性能。

（3）旋风除尘器

旋风除尘器是一种广泛使用的机械除尘设备，其工作原理是利用旋转气流产生的离心力，使粉尘颗粒从气流中分离并沉降至收集装置。含尘气流通过切向入口进入圆柱形或锥形除尘器后，在内部形成高速旋转的涡流，较重的颗粒物因受到较大离心力作用而被甩向壁面，随后沿壁面下降进入灰斗，净化后的气体则通过中心管排出。

旋风除尘器具有较高的除尘效率、良好的适应性和可靠的运行性能，尤其适用于去除 5μm 以上的较大颗粒粉尘。其结构紧凑，占地面积小，适用于各种工况条件，特别是在高温、高浓度粉尘环境下表现良好。然而，对于粒径较小（如 PM2.5 以下）的微细粉尘，旋风除尘器的去除效果相对较差。因此，在超低排放要求的应用场景中，旋风除尘器通常作为前级除尘设备，降低含尘浓度后，再配合其他高效除尘技术，如袋式除尘或电除尘，以满足更严格的排放标准。

### 2. 湿式除尘

湿式除尘的基本原理是通过喷洒水雾或液体，使颗粒物与液滴结合后沉降或被吸收，从而达到净化烟气的目的。由于水或其他液体能够有效捕捉微细颗粒物，并能部分去除气态污染物，因此湿式除尘在燃煤电厂、冶金、化工等高温、高湿工况下得到广泛应用。

在湿式除尘技术中，常见的设备包括喷淋塔和文丘里洗涤器。

喷淋塔是一种结构简单、高效的湿式除尘设备，主要原理是通过喷淋水雾或吸收液，使含尘气流与液滴充分接触，进而实现颗粒物的捕集和气态污染物的吸收。喷淋塔的优势在于能够处理大流量的烟气，并可通过调整喷淋液成分，实现脱硫、脱硝等多重净化功能。然而，喷淋塔依赖水雾捕集粉尘，因此在低温环境下可能会出现结垢或结冰问题，影响设备的运行效率。

文丘里洗涤器利用高速气流通过文丘里管时形成的强烈湍流，使液体被雾化成微小液滴，从而与烟气中的粉尘颗粒充分碰撞并融合。该设备特别适用于去除超细颗粒物，同时由于湍流作用增大了气液接触面积，也能提高对气态污染物的吸收能力。文丘里洗涤器在高温、高湿气体处理方面表现优异，但其能耗较高，同时对后续的污水处理系统提出了更高要求。

### 3. 袋式除尘

袋式除尘器的核心组件是滤袋，这些滤袋通常由高温耐腐蚀材料（如聚四氟乙烯、聚苯硫醚等）制成，能够在高温、高湿和腐蚀性环境下稳定运行。当含尘烟气通过滤袋时，粉尘被截留在滤袋表面，而净化后的烟气则穿透滤料排出。随着粉尘在滤袋表面不断积累，定期清灰装置（如脉冲喷吹、反吹风或振动清灰等）会将附着的粉尘抖落至灰斗，以维持设备的长期高效运行。

袋式除尘器的除尘效率极高，可实现99%以上，尤其适用于捕集粒径较小的粉尘颗粒。相比于机械除尘和湿式除尘技术，袋式除尘对微细颗粒的去除能力更强，同时不会产生二次污染问题，如污水排放或粉尘二次扬尘。因此，该技术在大气污染控制、超低排放改造等领域占据着重要地位。

**4. 电除尘**

电除尘技术利用高压静电场对烟气中的粉尘颗粒进行电荷作用，进而通过电场的作用使粉尘沉积于收尘极板上，从而达到去除粉尘的目的。这一过程依赖于电场力与粉尘颗粒间的相互作用，使粉尘颗粒物在气流中偏离其原有轨迹，最终通过物理方式将其捕集。电除尘系统的除尘效率通常为99%以上，适用于大规模燃煤发电厂及其他高粉尘浓度的工业烟气处理。然而，电除尘技术在处理高比电阻粉尘时效果较差，尤其是在燃烧高硫煤所产生的飞灰中，粉尘的电阻较大，导致电除尘装置的工作效率显著下降。这一限制要求在特定工况下采用其他除尘技术加以辅助，或对电除尘系统进行优化以提高其性能。

# 第四节　配煤、型煤与水煤浆技术的发展与转化

## 一、配煤技术

配煤技术是指在煤炭加工过程中，根据不同煤种的特点和用途，科学地将多种煤进行合理搭配，以达到提高煤质、改善燃烧效果和降低成本的目的。配煤技术通过分析煤种的物理和化学性质，优化不同煤种的比例，从而使最终产品更好地符合与燃烧性能、热值、灰分、硫分等属性相关的指标，以满足工业生产、发电等不同领域的各类需求。

### （一）动力配煤

动力配煤技术是减少能源浪费和提高锅炉热效率、减少污染排放的重要实用技术，是国家重点推广和普及的洁净煤技术项目之一。动力配煤技术作为一种比较适合中国国情的洁净煤技术已被我国列入《煤炭工业发展"十三五"规划》。显然，这项技术在中国将会有广阔的发展前景。

**1. 动力配煤工艺**

一般来说，动力配煤工艺由以下工艺环节组成。

（1）原料的接收和储存

煤炭原料种类繁多、来源广泛。因此，如何高效地将不同来源、不同规格的煤炭进行有效的接收和储存是确保后续工艺环节顺畅进行的前提。在原料的接收和储存环节中，常用的设备包括滚龙取料机、地龙式刮板机和斗轮式取料机等。这些设备能够高效地完成煤炭的堆取作业；同时，又因具备良好的自动化控制系统，这些设备有助于减少人工操作。这无疑提高了工作效率和安全性。

（2）筛分

煤炭筛分的主要目标是通过不同粒度的分选，控制配煤粒度的均匀性。筛分工艺不仅可以分离出不同粒度的煤炭，还能够有效剔除过大或过小的块煤，从而提高煤炭利用率。常见的筛分设备包括滚筒筛和振动筛等。滚筒筛主要用于处理粒度较大、含杂质较多的煤炭，并能够有效进行粗煤和细煤的分离；而振动筛则适用于精细筛分，可以较好地实现煤炭粒度的精确控制。

（3）混配

混配工艺是动力配煤中的核心环节，它直接影响煤炭的燃烧效率和电厂运行的经济性。混配工艺通常分为重量配料和容积配料两种方式。重量配料采用的是电子皮带秤，这种设备能够精准地测量煤炭的重量，确保煤种配比的准确性，从而保证燃烧的稳定性和效率。而容积配料则依赖于圆盘给料机和胶带配料机等设备，这类设备通过容积控制煤炭的输送量。虽然容积配料类设备的精准度稍逊色于重量配料，但在一些对精度要求不高的场合，它们仍具有较大的应用价值。

**2. 动力配煤方案发展**

确定动力配煤方案是动力配煤技术的核心和基础。一个科学合理的配煤方案不仅能够提升煤炭资源的利用效率，还能大幅度降低能源成本和环境污染，因此方案的优劣直接决定了配煤工作的整体水平。在制定配煤方案时，决策者必须综合考虑煤的物理化学性质、燃烧特性、经济性和环保要求等因素，充分运用来自多学科的理论和方法，确保方案的有效性和科学性。这是因为配煤方案的制定涉及煤化学、燃烧学、运筹学、计算机科学等多个学科领域，本身就具有较强的综合性和复杂性，必须通过系统的研究才能得出最优方案。

动力配煤的目的是根据不同类型的煤资源及其燃烧特性，合理调配多个煤种的比例，以满足燃烧设备的性能要求、减少能量浪费、优化燃烧过程中的气体排放等。常见的配煤方法包括线性规划法、神经网络法、模糊数学法等。

（1）线性规划法

线性规划法是动力配煤方案设计中最常见的一种方法，其基本思想是将配煤问题转化为一个数学模型，在满足一定约束条件的情况下，求解目标函数的最优值。具体而言，线性规划法通过数学模型对煤种的配比进行求解，目标是优化某一经济指标（如燃料成本、热值、污染排放等），同时其约束条件还包括煤种的物理和化学性质、燃烧效率、设备负荷等因素。

线性规划法的具体操作过程可概括为以下四个基本步骤。

①提出约束条件：明确煤种的质量标准、燃烧特性、环境排放要求等相关限制条件。

②确定目标函数：根据配煤的实际需求，设定优化目标，如最小化成本、最大化热值或减少污染物排放等。

③建立数学模型：将实际的配煤问题转化为线性方程式或不等式，通过数学方式描述问题中的各类因素及其相互关系。

④求解最优配方：采用如单纯形法等求解算法，通过数学计算得出最优的煤种配比方案。

线性规划法能够在确定性的约束条件下快速得到最优解，因此在实际应用中具有较强的实用性和可操作性。目前，已有众多单位开发了专门的计算机软件，能够自动完成线性规划的求解过程，这无疑提高了配煤方案设计的效率与精度。

（2）神经网络法

神经网络法是一种基于人工智能的优化方法，其核心思想是通过模拟人脑神经元的结构和功能来进行数据处理和模式识别。在动力配煤的应用中，神经网络能够通过对大量历史数据的学习和训练，自动寻找出煤种配比与燃烧效果之间的适当非线性关系，进而得出优化的配煤方案。

与传统的线性规划法不同，神经网络法无须明确的数学模型，而是通过输入数据与输出数据的关系自动调整网络的连接权重，逐步逼近最优解。该方法特别适合于处理复杂、非线性的配煤问题，如煤种的物理化学性质差异较大，且煤种之间的互相作用具有较强非线性特征的问题。在实际应用中，通过建立神经网络模型，操作者可以在多维度的参数空间内实现对配煤方案的优化设计，从而实现更高的燃烧效率和更少的污染物排放。

（3）模糊数学法

模糊数学法是一种用于处理不确定性和模糊性问题的数学方法。在动力配煤中，许多实际问题往往存在一定的模糊性，如煤种的燃烧特性难以精确量化、环境排放标准的不确定性等。传统的精确数学模型往往难以处理这些模糊因素，而模糊数学法能够通过模糊集合、模糊规则和模糊推理等手段，将这些不确定因素纳入优化过程，从而提高配煤方案的科学性和实用性。

模糊数学法通常包括以下三个步骤。

①模糊化：将传统的精确数据以某种方式转化为模糊数据，如通过模糊集合表示煤种的热值范围、燃烧效率等指标。

②构建模糊规则：根据专家经验或历史数据，制定煤种配比的模糊规则，并进行模糊推理。

③解模糊问题：通过解模糊问题，得到最优的配煤方案，并最终将模糊结果转化为具体的操作指导。

模糊数学法的优点在于能够处理复杂的模糊信息，并能在不确定性较大的情况下给出较为合理的优化结果。这种方法目前广泛应用于复杂的能源配比问题中。

## （二）炼焦配煤

### 1. 炼焦配煤原则

为了保证焦炭质量，并利于生产操作，配煤应遵循以下五个原则。

（1）配煤的性质与炼焦工艺适应性

配煤的选择必须与焦化厂的煤料预处理工艺以及具体炼焦条件紧密配合。不同煤种的物理化学性质（如挥发分、固定碳含量、灰分等）各异，必须根据实际生产需求来调整配煤。合理的配煤组合能够确保焦炭的质量符合技术要求，保证其具备高强度、低灰分、低硫等特点，从而满足用户对焦炭的多样化需求。

（2）膨胀压力与焦炉操作

在焦炉的操作过程中，煤种的选择直接影响焦炉膨胀压力的产生。过高的膨胀压力可能会导致焦炉壁受损，甚至发生事故。因此，在配煤时，必须确保煤整体的膨胀性和收缩性达到合适的程度，避免结焦末期出现过大膨胀，以最终确保焦炭的质量和焦炉的安全操作。

（3）煤源利用与运输合理性

配煤的过程中，充分利用本地区的煤炭资源至关重要。选择运输成本低、运输距离短的煤源，既能降低生产成本，又能提高资源利用率，优化运输调配，从而不仅有利于减少煤炭运输过程中对环境的负面影响，还能增强焦化厂的经济效益。

（4）高挥发分煤的使用

高挥发分煤在配煤过程中起到提高特定化学产品生产率的作用。高挥发分煤的加入可以有效提高焦炉中气体的产量，促进化学品的回收利用，提升焦化生产的综合效益。同时，这类煤通常比高黏结煤更便宜，因此在配煤过程中适量添加也能降低整体成本。

（5）弱黏结性煤的适用性

在保证焦炭质量的前提下，使用弱黏结性煤（如气煤、肥煤等）可以有效降低焦炭的强度负荷，减少焦化过程中因强烈结焦反应而导致的炉体损伤。尽量减少使用优质焦煤有助于避免过度依赖资源紧张的高黏结煤，从而提高煤炭的综合利用效率。

**2. 炼焦配煤工艺发展**

炼焦配煤工艺是炼焦生产中的核心环节之一，对于焦炭质量的稳定和冶金工业生产效率的提升具有至关重要的作用。该工艺涉及多个环节，包括煤种的选择、储存、配合、混匀及粉碎等，这些环节的优化直接影响到最终焦炭的质量与其所能产生的经济效益。[①] 随着炼焦需求品质的不断提升，炼焦配

---

① 胡文耀，段旭琴，张志军，等. 煤炭加工与洁净利用［M］. 北京：冶金工业出版社，2016：130.

煤工艺也在不断发展与改进，尤其在机械化与自动化技术的引领下，配煤作业的精度和效率都得到了显著提高。

炼焦配煤工艺的起点是煤料的接收与储存。在炼焦厂，煤种的多样性和每日巨大的煤料需求使储煤设施的建设尤为重要。储煤场的设计不仅要确保煤料的及时供应，还需兼顾煤种的分开存放，避免不同煤种间的混淆与质量波动。储煤场的容量通常要保证 10~15 天的储存量，这一容量的设定可以有效应对煤源的波动，并为配煤作业提供充足的原料保障。此外，储煤场的管理要求将不同煤种分区存放，并且控制每种煤料的存放时间，防止煤炭因氧化作用而出现质量下降，这一点对保障炼焦质量至关重要。

煤料储存后，接下来的环节是煤料的配合与混匀。由于炼焦对煤种的要求较为严格，煤料的配合工艺会直接影响到焦炭的质量。配煤工艺通常将不同煤种按照特定比例进行混合，通过精确的配煤比例确保煤料中各项指标的均衡，避免出现质量波动。配煤过程中的误差控制是这一环节的关键，通常规定挥发分误差不得超过 ±0.7%，灰分误差不得超过 ±0.3%。这一误差范围要求配煤设备具备极高的精度与稳定性，以确保每一批煤料的质量均匀。为了确保配煤的准确性，炼焦厂通常采用多台配煤槽设备，以便根据不同煤种的需求进行灵活调整，从而更好地满足生产的多样化要求。

在煤料配合后，混匀是进一步确保煤料质量均衡的重要工序。混匀的目的是将不同煤种在物理性质上的差异尽量减少，从而达到最佳的炼焦效果。为此，配煤工艺中采用了多种混匀技术和设备，包括搅拌装置、振动筛、混料槽等。这些设备通过不同的物理运动形式，使煤料在短时间内充分混合，确保煤料的挥发分、灰分等关键指标达到设定标准，从而为后续的炼焦过程提供优质的原料。

此外，炼焦厂的配煤工艺还包括粉碎环节。粉碎过程需要根据煤料的颗粒度要求及焦炉的生产需求来设计。粉碎过程通常采用锤式粉碎机或反击式粉碎机两种设备，前者适合处理较硬煤料，后者则能实现较均匀的煤粉效果。粉碎使煤分裂为尺寸更小的颗粒，以增加煤料与空气的接触面面积，优化燃烧条件，从而提高焦炭的生产效率和质量。

炼焦配煤工艺的管理与控制不仅依赖于先进的加工设备，还需要依靠精密的自动化控制系统来提高生产的稳定性与可控性。随着科技的进步，现代炼焦厂已经广泛采用计算机控制系统来进行煤料的配比和粉碎过程的自动调节。这种自动化技术不仅提高了生产效率，还缩小了人为操作可能造成误差的空间，为煤料的精准配比提供了可靠保障。

## 二、型煤技术

以粉煤为主要原料，通过适当的工艺和设备，将具有一定粒度组成的粉煤加工成一定形状、尺寸、强度及理化性能的人工"块煤"，这个过程被统称为型煤过程。我国的型煤技术发展经历了三代，第一代技术主要通过为粉煤加黏结剂将其黏结成型，替代块煤燃烧；第二代技术是在成型过程中单项改变煤质，以提高煤的使用性能；第三代技术是对原料煤进行多项改质，旨在实现煤炭的清洁、高效燃烧。

### （一）粉煤无黏结剂冷压成型

无黏结剂冷压成型主要用于泥炭、年轻褐煤等低煤化度的煤。无黏结剂冷压成型不需要任何黏结剂，可节省原材料，工艺简单的同时还相应保持了型煤或型焦的碳含量。但此工艺要求成型机提供很大的压力，这导致成型机构造复杂、动力消耗大、材质要求高，且成型部件磨损快，从而极大地限制了其推广。

#### 1. 褐煤的无黏结剂冷压成型

为了使褐煤无黏结剂成型取得满意的效果，设计者必须对原料的制备和成型机械进行精心设计和优化。在处理过程中，原料的性质、成型机械的性能及操作的精准性都对型煤的最终质量起着至关重要的作用。针对褐煤的特殊性质，以下步骤的处理对确保型煤的强度和稳定性尤为重要。

（1）破碎

破碎是制备褐煤型煤的起始步骤，其主要目标是将原始煤块破碎成适合后续成型工艺的小颗粒。这一过程不仅旨在减小煤的粒度，更重要的是通过破碎，实现煤粒分布的均匀性，从而在成型过程中促进煤粒间的紧密接触。这种紧密接触对于确保成型后的褐煤型煤具有较高的强度和稳定性至关重要。因此，选用恰当的破碎设备和合理的破碎方法，对于实现煤粒度的均匀性及提高最终产品的质量具有决定性的影响。

在破碎过程中，需考虑的因素包括破碎机的类型、破碎机的处理能力及破碎后煤粒的粒度分布。破碎机有多种类型，如颚式破碎机、锤式破碎机、辊式破碎机等，每种破碎机都有其特定的破碎原理和适用范围。选择合适的破碎机类型，可以有效提升破碎效率，降低能耗，并且更好地控制破碎后煤粒的粒度和形状。此外，破碎机的处理能力需要与生产需求相匹配，以确保连续稳定的生产过程。破碎后煤粒的粒度分布直接影响成型过程中的煤粒紧密度和成型后的型煤质量，因此，破碎设备的性能和操作参数需精确控制，以达到理想的粒度分布。

（2）筛分

破碎过程完成后，筛分步骤显得尤为重要，它用于进一步分离不同粒度的煤粒。通过精细筛分，我们能够确保各种粒度的煤料根据特定需求进行混合，这对于成型过程至关重要，因为它有助于保持煤料的均匀性。这种均匀性对于提升最终型煤的密度和强度具有显著影响。筛分不仅是确保成型质量的关键环节，还能有效避免成型过程中出现粒度过大或过小的不均匀分布现象，从而确保型煤的质量和性能。

此外，筛分过程还涉及对煤粒进行分类，以便后续的处理和应用。例如，不同粒度的煤粒可能适用于不同的燃烧设备或工业过程。精确控制筛分过程可以确保每种煤粒都达到其特定应用的最佳粒径要求，这不仅能提高资源的利用效率，还能减少能源浪费，有助于实现更加环保的煤炭加工和使用。

（3）干燥

在煤炭加工和处理过程中，干燥环节至关重要，尤其是对于那些含水量较高的褐煤。过多的水分不仅会对煤料的成型过程产生不利影响，还会导致成型后的型煤在强度方面存在缺陷。因此，为了确保型煤的质量和性能，必须在干燥过程中严格控制煤料的温度和干燥时间。如果煤料失水过快，可能会导致其表面硬化但内部仍然潮湿；反之，如果失水过慢，则会降低生产效率并增加能源消耗。采用适当的干燥工艺，可以确保水分在煤料中分布均匀，从而使不同粒度的煤料在成型之前都能达到一个理想的湿度水平。这样一来，不仅能够提高型煤的强度，还能增强其在使用过程中的稳定性和耐久性。

为了实现上述干燥效果，工业上通常采用多种干燥技术，如热风干燥、微波干燥或真空干燥等。每种技术都有其独特的优势和适用范围。例如，热风干燥是一种成本较低且广泛使用的方法，通过热空气循环来带走煤料中的水分。微波干燥则利用微波能直接作用于煤料内部，加速水分的蒸发，这种方法干燥速度快，但设备投资相对较高。真空干燥则在低压环境下进行，可以有效防止煤料在高温下发生氧化，特别适用于对热敏感的煤料。选择合适的干燥技术，需要综合考虑煤料的特性、生产成本和环境因素。

（4）冷却

成型后的煤块通常温度较高，因此冷却过程至关重要。冷却的目的是降低煤块温度，并使剩余水分均匀分布。通过冷却，型煤内部的湿度和温度能够得到有效调节，从而避免因水分不均匀或温度过高导致的型煤质量问题。此外，冷却有助于减少型煤的热膨胀，防止型煤在储存和运输过程中发生形变。

（5）压制

冷却至适宜的成型温度后，煤料被送入成型机进行压制。在压制过程中，温度可能会再次升高，因此需要精确控制压制温度和压力。压制的目的是将煤料紧密成型，增加型煤的密度和强度。在压制过程中，适当的压力和温度能够促进煤粒之间的黏结，使型煤的强度得到有效提高。为了防止型煤在压制过程中因过热而自燃，成型后的型煤需经过冷却处理后再进行储存或堆放。

**2. 烟煤和无烟煤的无黏结剂成型**

长期以来，烟煤和无烟煤的无黏结剂成型被认为存在一定困难。从泥炭、褐煤到烟煤、无烟煤，随着煤化度的增高，煤的硬度、弹性也会逐渐提高，但塑性却会逐渐降低，因此成型性越来越差。所以，烟煤和无烟煤的无黏结剂成型要比泥炭、褐煤困难，需要在其成型过程中施加较高的成型压力。

各种粉煤能否适用于无黏结剂成型，取决于其粒子能否紧密结合在一起，或者说粒子之间能否建立起一种紧密结合力。通常情况下，烟煤、无烟煤并不像泥炭、年轻褐煤那样存在自身黏结剂，但这些粉煤在外力作用下也可能出现各种各样的内聚力。因此，只要提供一些条件来促成这些内聚力的建立，那么烟煤、无烟煤粉煤的无黏结剂成型就会实现。

烟煤、无烟煤无黏结剂成型困难，根本原因是这些煤种硬度大、弹性高。因此，改变这些煤种的特定性质便是实现其无黏结剂成型的关键。解决的途径主要有两种，即强制高压法和改进成型法。

采用强制高压法的实质是破坏煤粒的弹性，消除高弹性对成型的影响，这主要通过高压成型机来实现。它能够在高压成型后煤球脱模时，确保残余弹性变形所积蓄能量的均匀放出，并尽可能消除空气干扰的问题。然而，高压成型机往往构造复杂，动力消耗大，生产能力低，这使该方法的应用推广受到限制。

此外，改进成型法在实际生产中也有一定的应用。在成型方法上进行改进，一定程度上可以克服煤粒弹性的影响，增加塑性变形，从而达到成型的目的。

## （二）粉煤含黏结剂的冷压成型

粉煤含黏结剂的冷压成型是指在常温或黏结剂热熔温度下，通过较低压力，借助黏结剂在煤粒表面的"桥梁"作用而使煤粒黏结成型。这种工艺依靠黏结剂的黏合作用，并且赋予成型产品以一定的机械强度，从而避免高压成型的需要。

然而，使用黏结剂也存在一些问题：它会降低型煤的含碳量，尤其是使用石灰、水泥、黏土类的无机物作为黏结剂时更明显；增加型煤的生产成本；黏结剂本身需要额外处理，这不仅使成型工序增加，还使工艺复杂化。

尽管含黏结剂的冷压成型工艺中涉及的黏结剂品种很多，型煤制造的工艺流程各有所异，但所有这种型煤的生产过程通常都包括成型原料制备、成型和生球固结这三个基本工序。

### 1. 成型原料制备

成型原料制备涉及原料煤的准备和黏结剂的准备两个主要方面。原料煤准备的目的有两个：首先，确保黏结剂有良好的分布，从而使黏结剂充分发挥效力；其次，为型煤压制准备合适的原料，以便其能够经受住较大的成型压力。成型原料煤的准备一般包括干燥、破碎、配料和混合这四个关键步骤。

（1）原料煤干燥

干燥的作用是控制原料煤的适宜湿度，使黏结剂能以合适的湿润度覆盖在粉煤粒子表面，从而达到黏结的目的。使用疏水性有机黏结剂时，原料煤的水分含量应控制在4%以下；使用亲水性黏结剂或水溶性无机黏结剂时，原料煤的水分一般控制在6%以下。对于使用不溶性无机黏结剂的情况，如水泥、黏土、石灰等，原料煤不一定需要干燥，因为这类黏结剂多以干粉状添入原料煤。如果原料煤中水分不足，还需补充一些水分；如果原料煤中水分过高，可以通过晒干、风干等方式来减少一部分水分，或稍微多加一些黏结剂，以达到适宜的水分平衡。

（2）原料煤破碎

破碎的目的在于减少煤粒间的空隙，确保煤粒在压球结束后能达到紧密排列的状态，同时使煤的粒度大小较为均匀，这有助于黏结剂最后形成的骨架较为均匀地分布于型煤中，进而提高型煤的强度。然而，并不是煤料的粒度越小越好。粒度过小，会增加筛分和破碎的工作量，增加设备和动力的消耗；同时需要覆盖和黏结的煤粒表面增大，而这将使黏结剂的用量增加。因此，原料煤的破碎程度应保持在适宜的范围，一般采用的粒度范围是 0 ~ 3 mm。

（3）配料

配料是指根据预先经过试验确定的方案，精确控制原料粉煤和黏结剂的用量并进行配比。根据实际操作情况，黏结剂可以分批加入，以确保混合效果最佳。

（4）物料混合

物料混合的目的是确保黏结剂有良好的分布，使煤粒表面充分润湿并为黏结剂所覆盖，从而有利于黏结过程。在实际生产中，除在破碎的同时进行初步混合外，还需要用专门的搅拌设备进一步混匀。

2. 成型

成型原料制备完毕后，还需要用对辊成型机进行成型操作。在实际操作中，必须注意调整压辊之间的间隙，并保持下料均匀，保证球模的充分填充及物料水分的适宜等。

3. 生球固结

刚从成型机上压制出来的型煤，其内部的煤粒暂时被黏结在一起，水分含量较高。这样的型煤强度低，不能直接利用。为了保证黏结剂能成为坚强的骨架，使煤粒彼此牢固地黏结，就必须对生球进行固结处理。以石灰为黏结剂的型煤，其生球固结采用炭化方式，即生球中的 $Ca(OH)_2$ 与炭化气体中的 $CO_2$ 反应生成 $CaCO_3$，型煤依靠生成的 $CaCO_3$ 作为骨架固结，从而实现强度的提高。以水泥为黏结剂的型煤，其生球固结则采取养护方式，使生球中的水泥浆凝聚固化变成水泥石，作为煤球的骨架，以提高型煤的强度。对于使用亲水性有机物、水溶性无机物及不溶性无机物为黏结剂的型煤，固结一般采取干燥的方式，排出型煤中的水分，增强黏结力，并使其固化成骨架，进而提高强度。

## 三、水煤浆技术

煤浆技术是指将煤炭粉碎到足够的细度后，将其和流动介质混合搅拌制成浆体燃料，以代替石油等液体燃料的一种新型煤基洁净流体燃料制备技术。根据所选用流动介质的不同，煤浆可细分为水煤浆、油煤浆、煤油水浆和甲醇煤浆等多种类型。水既是良好的流动介质，又廉价易得，用来制备煤浆最具应用前景，因此近年来得到了更多的关注和发展。水煤浆具有良好的流动性和稳定性，便于储存和管道输送，可以像石油那样泵送、雾化和稳定燃烧，并可代替重油广泛用于各类工业锅炉、工业窑炉和电站锅炉。与直接燃烧原煤相比，使用水煤浆能显著提高燃烧效率，节约能源，改善环境问题，并使燃烧过程更易于操作和控制。

### （一）水煤浆添加剂

添加剂是提高水煤浆的品质或成浆性（黏度、稳定性）的有效工具。根据水煤浆的使用要求和添加剂的功能，添加剂主要分为分散剂、稳定剂和其他化学助剂，如 pH 值调整剂、消泡剂、表面改性剂、离子封堵剂等。其中，分散剂和稳定剂的使用最为广泛。添加剂主要作用于煤与水的交界面，其添加后产生的效果和制浆用煤的性质（特别是表面化学性质）及制浆用水的水质关系密切。对不同的制浆用煤和制浆用水，有适合各自特性的最佳添加剂和添加量。不存在一种能够适应所有煤种的添加剂，也不存在一种能够适应所有添加剂的煤种。合理的添加剂配方必须基于制浆用煤的特性和用户对产品的要求，并通过试验来确定。

添加剂成本在制浆成本中仅次于制浆用煤的成本。因此，在选择和配制添加剂时不能盲目追求添加剂性能的高效，而是要综合考虑经济因素，追求添加剂配方的性价比最大化。

## 1. 分散剂

分散剂是促进分散相在分散介质中均匀分散的化学药剂。以水煤浆为例，分散相就是煤炭颗粒，分散介质就是制浆用水。分散相粒度越细，均匀分散的可能性越大。但颗粒越细，比表面积就越大，体系的表面自由能也就随之增大，热不稳定性也会相应明显，颗粒间会自发聚结以减少相界面。胶体化学中，分散相聚结后如果形成更大团粒，则其沉淀会加速。因此，胶体化学中分散剂的作用主要是防止分散相沉淀，以保持胶体的稳定性。

水煤浆的黏性主要源于煤炭颗粒之间受到剪切时的摩擦。分散剂分子在煤炭颗粒表面被吸附后，会形成一层分散剂分子层和水化膜，这可以大大降低颗粒表面和水之间的界面张力。分散剂的作用使煤炭颗粒彼此相互分离，同时，水化膜的存在使水煤浆受到剪切作用时不再产生新的相界面，而这可以大大降低颗粒之间的摩擦力。因此，分散剂的作用主要是降低水煤浆黏度，增加其流动性。

要根据制浆用煤的表面化学性质来选择水煤浆分散剂。一般来讲，阴离子型分散剂以烷烃或芳烃为疏水基团，以磺酸根或羧酸根为亲水基团。非离子型分散剂以烷基、烷基苯或烷基苯酚为疏水基团，以醚键为亲水基团。一般应选择和煤炭表面结构相近的芳烃作为添加剂的疏水基，使添加剂更易于在煤炭颗粒表面吸附。

## 2. 稳定剂

水煤浆不同于一般的胶体溶液，其分散相的粒度和浓度都远大于胶体溶液。因此，一般的胶体理论并不适合于解释水煤浆的稳定性。按照一般的胶体理论，使用电解质或高分子絮凝剂，都可以促使胶体颗粒凝聚，加速其沉淀，并破坏其稳定性。而对于高浓度水煤浆，使用这类物质反而会增强其稳定性。因为这样可以使水煤浆中的煤炭颗粒之间保持相互交联，形成一定的空间结构，提高颗粒间的沉降干涉度，从而有效地阻止或延缓沉淀，防止固液分离，保持沉淀物结构松软。

水煤浆稳定剂的作用就是促使在水中已经分散的煤炭颗粒能够和周围其他颗粒形成一种较为脆弱但又有一定刚度的三维空间结构。这种空间结构在水煤浆静止时可以有效防止颗粒沉淀，即使沉淀也是松软可恢复的软沉淀。一旦在外力剪切作用下，该空间结构破坏，水煤浆的黏度可以迅速下降。

稳定剂一般不和分散剂同时加入，而是在加入分散剂并经捏混搅拌成浆后再加入。这是因为先加入的分散剂在煤炭颗粒表面吸附后形成吸附层，吸附层外又有一层水化膜，它们和煤粒构成一个新的整体"浆粒"。稳定剂后加只是将这些浆粒与周围浆粒和水交联起来，并不影响浆粒的结构。与此相反，如果添加顺序相反或者同时添加，分散剂效用的发挥和水煤浆的分散性就会受到影响。

### （二）水煤浆制浆工艺

水煤浆制浆工艺主要依据磨矿方式的不同，划分为湿法制浆、干法制浆以及干湿法联合制浆等类型。

#### 1. 湿法制浆

湿法制浆技术广泛应用于制浆工业，涉及将煤炭、水和特定添加剂混合。此过程包括磨矿工艺，目的是制得水煤浆。磨矿过程中，机械作用力使煤粒与水充分混合，形成细小颗粒分散于水中，最终形成水煤浆。湿法制浆因其独特优势成为主流制浆工艺，能显著提高煤粉分散性，降低煤粒聚结倾向，并允许精确控制水煤浆的黏度、稳定性和浓度，以满足不同应用需求。

选择合适的添加剂在湿法制浆中至关重要，因为它们不仅能够改善煤粉分散效果，还能增强水煤浆的储存稳定性。常见的添加剂包括表面活性剂、分散剂和稳定剂等，这些化学物质能降低煤粒表面张力，促进均匀分布，减少沉淀和分层现象。通过精确控制添加剂种类和用量，可以进一步优化水煤浆性能，以适应特定应用场景，如电站锅炉燃料。

#### 2. 干法制浆

干法制浆涉及将煤炭干式磨细后加水和添加剂，通过捏混、搅拌制浆。干法制浆对原煤水分要求严格，功耗高于湿法制浆，工艺过程复杂，堆积效率不及湿法制浆。干法磨矿产生的颗粒新鲜表面易氧化，对成浆不利。对于远离浆厂的中小用户，长距离运费占水煤浆进厂价的比例较大，其中近30%为运水费用，经济上不合理。因此，可将制浆工艺拆解：制浆厂进行干式磨矿，干粉产品运至用户后炉（窑）前制浆，供燃烧使用。通过调整干式磨矿工艺参数和分级，可制得不同粒级的干粉产品；炉（窑）前制浆时，可配置最佳粒度分布的浆体，以获得高堆积效率。

### 3. 干湿法联合制浆

联合制浆技术结合了干法磨矿和中浓度湿法磨矿的先进方法。具体而言，其涉及将部分干法磨矿产品进行中浓度湿法磨矿处理，再将湿法磨矿产品与干磨产品混合搅拌，制备成品浆料。与传统干法制浆相比，联合制浆技术能实现浆料中颗粒的双峰级配，以提升堆积效率和整体质量。双峰级配意味着浆料中存在两种不同粒径的颗粒分布，这有助于减少颗粒间空隙，增加浆料密实度。尽管联合制浆技术在提高浆体质量方面有潜力，但实际应用中不如完全湿法磨矿广泛，因为它存在干法磨矿的高能耗和环境影响等问题。

联合制浆技术的实际生产应用需考虑多种因素。首先，选择合适的磨矿设备至关重要，因为不同设备对物料处理能力和效率有直接影响。其次，控制好干法和湿法磨矿比例及混合搅拌均匀性，对最终浆料质量起决定性作用。最后，操作人员的专业技能和经验也是确保联合制浆成功的关键。

### （三）水煤浆技术的转化与应用

水煤浆技术的转化主要体现在其在实际生产中的应用。通过优化与改进制浆工艺，水煤浆技术不仅可以提高煤炭的热值利用效率，还能有效减少煤炭燃烧过程中的有害排放。近年来，随着环保政策的日趋严格，水煤浆技术在煤气化、燃烧系统中的应用得到了更加广泛的推广。特别是在一些高污染、高能耗的行业中，水煤浆技术基于其清洁燃烧特性，能有效减少有害物质的排放。

随着技术的不断创新，水煤浆制浆技术未来有望在三个方面取得突破：①改进水煤浆的稳定性和流动性，进一步提高其在运输和储存中的可靠性；②优化制浆工艺，使其能够适应不同种类煤炭的加工需求；③提升水煤浆技术的环保效应，如结合二氧化碳捕集和封存技术，实现零排放目标。

## 本章小结

煤炭的分选与处理是提高煤炭利用效率、减少环境污染的重要手段。本章重点探讨了煤炭分选、井下选煤、筛分、破碎、磨碎、脱硫脱硝，以及配煤、型煤与水煤浆等关键技术。

煤炭分选技术依据煤中不同组分的物理和化学特性差异，通过湿法（如跳汰选煤、重介质选煤、浮游选煤）和干法（如空气重介质流化床干法、风力选煤、传感选矿）进行分离，以提升煤炭质量。井下选煤技术则在井下实现煤矸分离，减少地面矸石排放。煤的筛分、破碎与磨碎技术用于将煤炭按粒度分级、破碎至所需粒度及磨制成细粉，通过筛面实现物料分级；破碎和磨碎则通过不同机械作用使煤块达到所需粒度。煤炭的脱硫脱硝技术可有效解决煤炭燃烧产生的空气污染，其主要包括氨法脱硫、半干法脱硫、石灰石脱硫等脱硫技术和选择性催化还原、选择性非催化还原等脱硝技术，以及同时脱硫脱硝技术。

另外，配煤技术通过科学搭配多种煤种，可提高煤质、改善燃烧效果和降低成本；型煤技术将粉煤加工成一定形状的人工"块煤"，该技术的发展经历了无黏结剂和有黏结剂冷压成型的阶段；水煤浆技术则将煤炭粉碎后与流动介质混合制成浆体燃料，该燃料具有良好的流动性和稳定性，可代替石油等液体燃料。

# 第三章　煤炭清洁的化工技术与方法

煤炭清洁化工技术主要通过物理和化学方法去除煤中的有害成分，如硫、氮、灰分等，从而提高煤的燃烧效率并减少污染排放，并最终有助于实现煤炭资源的高效利用和环境保护。本章将重点着眼于煤炭的热解原理与技术发展、煤炭的气化原理及方法分析、煤制氢技术发展、煤炭的直接液化及间接液化技术发展与转化。

## 第一节　煤炭的热解原理与技术发展

### 一、煤炭的热解原理

在隔绝空气条件下煤炭加热至较高温度而发生一系列物理变化和化学反应的复杂过程，被称为煤的热解。煤炭的热解技术作为煤炭清洁技术的重点，突破了传统煤炭转化和技术利用的局限，煤炭产业因此再一次被赋予了新的活力。[①]

煤炭的低温热解过程涉及许多化学和物理变化，是一个十分复杂的过程，这是由煤本身结构与性质的复杂性决定的。在热解过程中，煤炭因温度的提高不断发生各种各样的变化，生成固相、液相、气相各种产物。所有这些变化都是互相影响，交错发生的，因此增加了煤炭低温热解过程的复杂性。

#### （一）煤炭的低温热解过程

煤炭的低温热解过程涉及物理与化学变化的相互作用。该过程始于固体

---

① 许红霞．浅谈我国在煤炭热解技术中的研究发展 ［J］．煤炭技术，2013，32
（10）：217.

燃料的加热阶段，外部热量通过传导、对流和辐射方式逐步传递至煤颗粒内部，使温度不断升高。在此过程中，煤的孔隙结构、比表面积及热传导特性均对热量的传输速率产生影响。

随着温度的持续升高，燃料有机质发生热分解，形成小分子化合物和自由基，并释放初始挥发性产物。这一过程涉及复杂的化学键断裂与重排，受热解温度、煤的组分及分子结构等因素影响，决定了产物的组成与分布。与此同时，分解初次产物在固体燃料内部发生扩散，扩散速率受孔道结构、挥发性组分的分子动力学特性及温度梯度等因素制约，影响后续气相与固相之间的传质与反应平衡。

部分初次挥发产物在高温下发生二次反应，包括缩合、聚合及裂解等过程，生成焦油、气态产物及部分固相碳质残留物。这一阶段的化学反应机理较为复杂，其影响因素主要包括气相成分、催化效应及反应气氛等。在加热速率较低的情况下，煤炭热解过程的控制步骤通常为加热阶段，其速率对整个过程的动力学特征及产物分布起决定性作用。

煤炭的热解过程随着温度的升高可分为以下阶段。

**1. 干燥阶段**

在煤炭热解过程的起始环节，干燥阶段意义重大。这一阶段的主要特征是煤中物理吸附水和一部分化学结合水的脱除，伴随着气体的释放。通常情况下，该阶段的温度不会超过 300 ℃，在这个温度范围内，煤炭的物理形态保持相对稳定，结构并未发生显著的变化。由于外部热量的持续输入，煤颗粒内部的水分通过扩散和蒸发作用逐渐排出，并以水蒸气的形式逸散到外界环境。与此同时，煤炭中吸附的气体，如二氧化碳（$CO_2$）、甲烷（$CH_4$）、硫化氢（$H_2S$）等，在热激发作用下逐步释放，这一过程导致煤的孔隙率和比表面积发生一定程度的变化。

干燥阶段是一个典型的吸热过程，它主要涉及脱碳基反应，即部分化学结合水的分解和少量含氧官能团的不稳定分解。这一过程不仅对煤的后续热解行为产生影响，而且在很大程度上决定了其孔隙结构的演变趋势。干燥阶段的动力学特征受到多种因素的影响，包括煤的水分含量、矿物质组成、孔隙分布及外部加热速率等。因此，这一阶段对煤炭热解的整体热转化效率具有重要的影响。

随着干燥阶段的进行，煤炭的热解过程逐渐过渡到下一个阶段，即挥发分的释放阶段。在这个阶段，煤炭中的挥发性物质开始分解并逸出，形成气体和液体产物，包括各种烃类、氢气、一氧化碳等，它们的生成和释放对煤炭热解的效率和产物分布有着决定性的影响。挥发分的释放伴随着温度的升高，通常发生在 300 ℃ ~ 600 ℃，此时煤炭的结构开始发生显著变化，如孔隙结构进一步发展，孔隙率增加，比表面积显著增大。这些变化为后续的热解反应提供了更多的活性位点，促进了热解反应的进行。同时，挥发分的释放也导致了煤炭的热稳定性下降，使煤炭更容易在更高的温度下发生进一步的热解反应。因此，挥发分释放阶段是煤炭热解过程中一个关键的转折点，它不仅影响了热解产物的种类和数量，还对热解过程的热效率和产物的品质有着深远的影响。

## 2. 热解阶段

热解阶段是煤炭热解过程的核心环节，其温度范围通常在 300 ℃ ~ 600 ℃。在这个关键的温度区间内，煤炭中的有机质结构开始发生显著变化，复杂的大分子有机化合物受热解聚，形成小分子产物，并伴随气体的释放。在这一过程中，煤炭的化学键发生断裂，导致一氧化碳、二氧化碳及水蒸气的生成，同时伴随热解水的形成。焦油作为主要的液相产物，在此阶段大量析出，其产率与热解温度、加热速率及煤的组成密切相关。

随着温度的进一步升高，煤炭的热解反应趋于剧烈，原料煤逐渐变软并发生结构重组，大量挥发性产物释放，固相残留物转化为半焦。在这个过程中，主要反应包括解聚反应和分解反应，解聚反应导致煤大分子结构的降解，分解反应促使挥发性物质的释放及二次反应的发生。热解阶段的动力学特征及产物分布对后续半焦的结构演变及气、液、固产物的利用具有重要影响。

在热解过程的后期，半焦的形成标志着煤炭热解的结束。半焦是一种多孔性固体，其结构和性质取决于热解条件，如温度、压力和气氛等。半焦的孔隙结构对其作为吸附剂或催化剂载体的应用至关重要。此外，半焦的热值和燃烧特性也是评估其工业应用潜力的重要参数。

热解过程中产生的气体，如氢气、甲烷和一氧化碳，可以作为化工原料或能源使用。这些气体的产量和质量受到热解条件的严格控制，因此优化热解工艺对于提高气体产物的经济价值至关重要。同时，热解水的处理和利用也是热解工艺中需要考虑的一个重要方面，因为它可能含有有害物质，需要经过适当的净化处理。

### 3. 热解后期

热解后期阶段标志着煤炭热解过程的终结，其温度范围通常介于 600 ℃ ~ 1000 ℃。在这个阶段，焦油的析出过程已基本完成，煤炭的固相部分逐渐转化为焦炭，并经历一系列结构重组和孔隙演变。随着热解反应的深入，半焦会进一步丧失挥发分，释放大量气体，导致固体产物中的碳含量逐渐增加，密度增大，体积缩小，最终形成具有一定机械强度的焦炭。

热解后期，当温度保持在 700 ℃ 以下时，析出的煤气主要由 CO、$CO_2$ 和 $H_2$ 组成。然而，一旦温度超过 700 ℃，气体组成将发生变化，氢气含量显著增加，这表明在高温条件下，裂解反应和二次反应的强度有所增大。该阶段的主要反应类型是缩聚反应，即芳香族碳结构逐渐增长并趋于稳定，形成高度石墨化的碳骨架。这一过程不仅决定了焦炭的物理化学性质，而且对气相产物的成分演变及利用价值都具有极其重要的影响。

焦炭的形成过程不仅受温度影响，还与热解持续时间密切相关。随着热解时间的延长，焦炭结构会变得更加致密，孔隙率降低，有助于提高焦炭的固定碳含量和热值。此外，热解时间的增加还可能导致焦炭中硫和氮等杂质含量的减少，从而提高焦炭的品质。

在热解后期，除了温度和时间的影响，原料煤的性质也对焦炭的质量起着决定性作用。不同类型的煤，如无烟煤、烟煤和褐煤，由于其内在化学组成和物理结构的差异，热解后形成的焦炭特性也会有所不同。例如，由于较高的固定碳含量和较低的挥发分，无烟煤在热解过程中形成的焦炭通常具有较高的强度和较低的反应性。

### （二）煤炭的热解反应过程

煤炭的热解反应过程是一个复杂的物理化学转化过程。受其有机质组成及结构影响，各种反应在不同温度条件下交错并行进行，所以无法用单一的化学反应式对煤炭的热解反应过程加以描述。在隔绝空气的加热条件下，煤的分解不仅涉及有机质热裂解，还包括气体逸出、焦油生成、半焦与焦炭的转化等多个相互关联的过程。鉴于温度对煤热解行为的决定性作用，在工业生产和研究中，通常依据煤在不同温度范围内的主要反应特征把热解反应过程分为以下阶段。

### 1. 水分及小分子气体的逸出

在煤的热解过程中，水分及小分子气体的释放是一个受温度变化驱动的物理化学过程。随着温度逐步升高，煤炭吸收热量，外在水分在 100 ℃ 左右开始蒸发，并在 110 ℃ ~ 120 ℃ 的范围内基本脱除。相比之下，内在水分由于吸附在煤的微孔及孔隙表面，其脱除过程受表面能影响较大，通常需要更高温度才能实现完全释放。对于孔隙结构较发达的煤炭而言，150 ℃ 以上的温度更有利于克服水分与煤表面的结合力，从而实现内在水分的彻底解析。

当水分逸出后，煤的孔隙通道逐渐开放，使煤化过程中吸附的 $CH_4$、$CO_2$、$CO$ 等小分子气体开始解析。这些气体主要以物理吸附状态存在，其释放主要受温度、孔隙结构及气体分子间作用力的影响。相较于煤大分子分解过程中产生的煤气，这部分小分子气体的解析量较小，但对于煤的气体成分演变及煤化特性形成具有重要意义。

### 2. 半焦化阶段

在半焦化阶段，煤的热分解过程进一步深入，残留的胶质随着温度升高逐渐浓缩并固化，最终形成半焦。该阶段通常发生在 500 ℃ 以上的温度范围，其间，煤炭的有机质经历复杂的化学重组，碳骨架结构趋于稳定，分子间相互作用增强，使半焦的物理化学性质发生显著变化。

当温度超过 550 ℃，半焦继续分解，内部挥发性组分逐步析出，其中氢气占据主导地位。这一过程中，煤炭的质量持续减少，伴随结构收缩和裂纹的产生。裂纹的形成主要受到碳骨架收缩及气体逸出的影响，使半焦的孔隙率增加，表面积扩大，从而对其后续的反应活性和物理特性产生深远影响。

### 3. 焦化阶段

在焦化阶段，煤的热分解进入高温演化环节，半焦在 800 ℃ 以上的温度中进一步缩小体积并增强硬度，最终形成多孔焦炭。此过程中，焦油释放基本停止，而煤初次分解产物在高温条件下发生深度裂化，导致焦油产率降低，并伴随大量气体的析出。焦炭的形成不仅涉及挥发分的持续释放，还伴随自由基的重组及缩聚反应，这些反应使碳结构趋于稳定。

在高温作用下，焦炭的微观结构逐渐转变为以芳碳骨架为主的高度有序体系，碳-碳键的交联程度增加，非碳组分大幅减少，从而赋予焦炭较高的机械强度和化学稳定性。由于焦炭孔的隙率较高，其比表面积在高温作用下随之增大，这有利于气体扩散及后续反应的进行。焦化过程中析出的气体主要由小分子碳氢化合物及氢气组成，这一阶段的热分解特征对煤焦化产品的性质及应用价值具有重要影响。

## 二、煤炭的热解技术

### （一）煤热解制油气技术

国外煤热解制油气技术典型代表主要有：美国 FMC 和 ORC 公司开发的 COED 热解工艺，美国 Garrett 研究与开发公司开发的 Garrett 工艺，德国 Lurgi GmbH 公司和美国 Ruhrgas AG 公司联合研究开发的 L-R（Lurgi-Ruhrgas）热解技术，加拿大 UMATAC 工程有限公司为油页岩热解加工而开发的 ATP（Alberta Taciuk Process）技术，日本煤炭能源中心与日本钢铁工业集团开发的煤炭快速热解技术等。我国的煤热解制油气技术研发起步较晚，但也有一些实现工业化应用的技术，如大连理工大学开发的褐煤固体热载体法热解技术。该技术通过将褐煤与热载体半焦快速混合加热，使其热解而得到轻质油品、煤气和半焦。烟煤和褐煤热解制油气工艺技术分析见表 3-1[①]。

表 3-1　烟煤和褐煤热解制油气工艺技术分析

| 工艺名称 | 开发公司 | 热解类型 | 加热方式 | 原料类型 | 主要产品 | 当前规模 | 技术说明 |
|---|---|---|---|---|---|---|---|
| Carrett 工艺 | 美国 Garrett 研究与开发公司 | 气流床热解器 | 固体热载体内热式 | 0.1 mm 粉煤 | 焦油、半焦、煤气 | 1972 年建有 3.8 t/d 中试装置 | 快速热解、存在堵塞问题 |
| COED 热解工艺 | 美国 FMC 和 ORC 公司 | 流化床热解器 | 气体热载体内热式 | 0.2 mm 粉煤 | 合成气、焦油、半焦 | 550 t/d 工业示范 | 低压多段热解，可产合成气 |

① 徐宏祥. 煤炭开采与洁净利用 [M]. 北京：冶金工业出版社，2020：122.

| 工艺名称 | 开发公司 | 热解类型 | 加热方式 | 原料类型 | 主要产品 | 当前规模 | 技术说明 |
|---|---|---|---|---|---|---|---|
| L-R 热解工艺 | 德国 Lurgi GmbH 公司和美国 Ruhrgas AG 公司 | L-R 双轴混合移动床热解器 | 固体热载体内热式 | 小于 5 mm 粉煤 | 焦油、半焦、煤气 | 已工业化，最大 1600 t/d | 高温高压热解，机械磨损严重 |
| ATP 热解工艺 | 加拿大 UMATAC 工程有限公司 | 回转炉热解器 | 固体热载体外热式 | 小于 12 mm 油页岩 | 焦油、半焦 | 303 t/d（10万吨/a）工业示范 | 焦油产量高，易出现堵塞，能耗高 |
| 煤炭快速热解工艺 | 日本煤炭能源中心与日本钢铁工业集团 | 气流床热解器 | 气体热载体内热式 | 80%的小于 0.1 mm 粉煤 | 焦油、煤气 | 100 t/d 工业示范 | 热解速度快，最大限度地获得气态和液态产品 |
| DG 热解工艺 | 大连理工大学 | 下行床热解器 | 固体热载体内热式 | 小于 6 mm 褐煤，不黏性次烟煤 | 焦油、煤气、半焦 | 150 t/d 工业示范 | 热解煤气热值高、焦油含酚量高，煤焦混合机械易磨损 |

## （二）褐煤热解提质技术

典型代表主要有：美国 Encoal 公司开发的 LFC 工艺、美国油页岩公司采用回转炉热解的托斯考（Toscoal）工艺，澳大利亚联邦科学与工业研究院的 CSIRO 流化床快速热解工艺和西部能源公司的 ACCP 热解工艺等。国内研究煤炭热解提质技术的单位众多，较早的工艺有煤炭科学技术研究院有限公司煤化工研究分院（原中国煤炭科学研究总院北京煤化工研究分院）开发的多段回转炉（MRF）热解工艺等。

表 3-2[①] 针对不同热解工艺的特点，从加热方式、煤种的适应性、目标产品及现有工业化程度等方面，对国内外典型的煤热解提质技术进行分析。

---

① 徐宏祥. 煤炭开采与洁净利用 [M]. 北京：冶金工业出版社，2020：122-123.

表 3-2　国内外相关煤热解提质技术分析

| 设备 | 代表工艺 | 加热方式 | 原料 | 目标产品 | 规模 | 开发单位 | 存在问题 |
|---|---|---|---|---|---|---|---|
| 移动床 | LFC 热解技术 | 气体热载体（惰性气） | 次烟煤褐煤 | 固体燃料 PDF 及液油 CDL | 1000 t/d 商业示范 | 美国 Encoal 公司、SGI 公司、SMC 矿业公司 | 采用移动床热解工艺，焦油的品质控制及后续系统的堵塞等问题需要解决 |
| 回转炉 | MRF 热解技术 | 外热式 | 6~30 mm 褐煤 | 焦油、半焦煤气 | 167 t/d 工业示范 | 煤炭科学技术研究院有限公司煤化工分院 | 连续生产易出现粉尘沉积和堵塞，煤粉化严重，系统复杂，能耗高，生产能力有限 |
| 回转炉 | Toscoal 热解技术 | 固体热载 | 油面岩褐煤 | 焦油、半焦煤气 | 200 t/d 工业化装置 | 美国油页岩公司 | |
| 流化床 | CSIRO 热解技术 | 气/固热载体 | 褐煤 | 焦油 | 20 kg/h 试验装置 | 澳大利亚联邦科学与工业研究院 | 热解气夹带的部分细粒半焦与焦油等冷凝物的分离比较困难 |
| 流化床 | ACCP 热解技术 | 气体热载体 | 烟煤、褐煤 | 高热值燃料 | 1632 t/d 工业示范 | 西部能源公司 | 热解温度低，半焦产品存在自燃问题，不适合长途运输 |

## （三）以煤热解为基础的多联产技术

随着煤化工、发电等领域基础科学研究的深入及前沿技术开发能力的提升，煤热解有望向大型化、一体化、多联产的方向发展。煤的多联产技术以煤炭为原料，将煤的多种转化方式（热解、气化、燃烧）有机集成到一个系统中，同时获得多种二次能源（热、电、气、油）和化工产品。多联产技术的实质是实现煤、电、气、油一体化联合生产，追求的是整个系统的经济效益最大化、能源利用效率最大化和污染物排放最小化。目前，多联产的主要技术方向可以分为三类：以煤热解为基础的多联产技术，以煤部分气化为基础的多联产技术和以煤完全气化为基础的多联产技术。部分以煤热解为基础的典型多联产技术分析见表3-3①。

表3-3　部分以煤热解为基础的典型多联产技术分析

| 开发单位 | 技术特点 | 产品类型 | 规模 | 原料 |
|---|---|---|---|---|
| 中科院过程工程研究所 | | 焦油、煤气 | 与75 t/hCFB锅炉耦合，热解煤量120 t/d | 霍林河褐煤 |
| 北京动力经济研究所 | 热解+燃烧 | 热、电、气 | 3.6 t/d试验装置 | 无黏结性烟煤、弱黏结性烟煤和褐煤 |
| 中科院山西煤化所 | | 焦油、煤气、半焦 | 完成与75 t/hCFB锅炉耦合，热解煤量120 t/d工业示范 | 府谷西岔沟煤 |
| 日本煤炭能源中心 | 快速加氢热解+气化 | 合成气、轻油 | 完成20 t/d中试试验 | — |
| 美国固体煤炭公司 | 热解+燃烧 | 煤气、焦油 | 36 t/d | 褐煤 |
| 美国Carbonfuels公司 | 热解+气体 | 热、焦油 | 300 t/d | 可用黏结性煤 |
| | | 煤气、焦油 | 3.6 t/d试验装置 | |

（四）其他新型热解技术

新型热解技术通常依赖于创新的反应器设计和热解过程调控，以适应低阶煤的独特性质。在传统的热解工艺中，由于煤质较差，热解气体的热值往往较低，从而影响了煤气的利用效率。新型热解工艺采用了高效的反应器形式，可以在保持较高热解效率的同时，有效分离和净化煤气与焦油，避免了

---

① 徐宏祥.煤炭开采与洁净利用 [M].北京：冶金工业出版社，2020：123.

传统工艺中的煤气低热值问题。此类技术不仅提高了煤气的质量，而且优化了焦油和气体的回收效率，从而实现了煤炭资源的高值化利用。

现代新型热解工艺还注重废热和副产品的综合利用。例如，某些技术将热解过程中产生的废热与煤气进行高效回收，降低了能源消耗，并有效控制了废气排放。通过优化废热的回收与利用，这些技术不仅增强了热解过程的能源自给能力，还减少了对外部能源的依赖，符合当前能源利用效率提升的趋势。此外，一些技术通过高温燃烧和气化反应，将热解废水中的有机物质有效分解，转化为水和二氧化碳，达到了废水的资源化利用，减少了环境污染，提升了生产过程的环保性。

在技术集成方面，新型热解工艺不断推动煤炭分级分质利用的进程。通过将热解提质与其他煤化工技术相结合，如气化技术和废水处理技术，这些新型热解技术不仅能提升低阶煤的热解效率，还能扩展煤炭的应用领域。其中，某些技术通过结合气化技术，将热解后的残余焦粉制成高浓度料浆，作为燃料或气化原料，进一步提高了煤炭的综合利用率。同时，这些技术也优化了煤气净化系统，使其能够高效去除有害成分，提升煤气的品质，从而增强其作为工业燃料或化学原料的应用潜力。

新型热解技术的研发推动了低阶煤提质工艺的示范应用。多个工业示范项目表明，这些新型技术不仅能有效提高煤炭的热解产物质量，还能在大规模工业应用中保持稳定性。例如，在一些低阶煤提质工业示范项目中，新型热解工艺已经被证明具有良好的运行稳定性、较高的油气收率和较低的粉尘排放，显示出较好的经济性和环境友好性。这些成果为低阶煤的产业化应用奠定了坚实的基础，并为进一步优化和推广相关技术提供了重要参考。

# 第二节　煤炭的气化原理及方法分析

## 一、煤炭的气化原理

煤气化技术具有显著的能源转化效益。其过程不仅涉及煤的热解和气化反应，还包括一系列复杂的物理化学过程。这些过程对于煤的高效转化、气化产物的优化及能源利用的可持续性具有重要意义。

煤的干燥是气化过程中的初步环节，主要目的是去除煤中的水分，以确保后续热解反应的顺利进行。在 200 ℃ 以下的温度下，煤中的水分以水蒸气的形式被去除。干燥完成后，煤进入热解阶段。在这一阶段，煤的有机成分开始分解，生成的挥发物包括气体和焦油。气体产物的生成与气化反应密切相关，这是因为气体产物能够转化为 $CO$、$CO_2$、$H_2$ 和 $CH_4$ 等，它们将成为后续气化反应的重要组成部分。此外，部分较大分子挥发物则以焦油形式析出，或者在后续的气化反应中进一步分解，并参与相关的化学反应。

煤热解后剩余的半焦继续经历气化反应，这一过程对于煤气化产物的质量和种类具有决定性作用。通过高温条件下的气化反应，热解半焦与气化剂发生反应，生成更多的 $CO$ 和 $H_2$ 等可用气体；同时固体残渣的体积逐渐缩小，转化为气体燃料。因此，气化过程中，对各反应步骤的精确控制是提高气化效率和气体产率的关键。

气化反应是在缺氧状态下进行的，因此煤气化反应的主要产物是可燃性气体 $CO$、$H_2$ 和 $CH_4$，只有小部分碳被完全氧化为 $CO_2$，可能还有少量的 $H_2O$。煤炭气化反应过程中伴随有吸热或放热现象，这种反应热效应是气化系统与外界进行能量交换的主要方式。即使在无外界提供热源的情况下，煤的氧化燃烧和挥发分析出过程放出的热量，足以为其他吸热反应提供能量，从而实现自供热，为煤的气化过程提供必要的热反应条件。

煤的气化过程涉及复杂的物理化学转化，主要以气固非均相反应为主。在气化反应中，反应速度不仅受化学反应速度的影响，还受到扩散传质过程的制约。煤气化反应的机理遵循非均相无催化反应的一般规律，表明反应的动态特性与煤的物理和化学性质密切相关。气化过程包括多个阶段，每个阶段的速率受到不同因素的影响。

在煤的气化过程中，反应气体需从气相扩散到固体表面，即外扩散过程，此阶段的速率受到气体分子与固体表面接触面积、温度及反应气体的性质等因素的影响。接着，反应气体通过煤颗粒的孔道进入小孔内表面，气压过程进入内扩散阶段，在这一过程中，气体分子需穿越煤的孔结构，扩散到更深层次的反应位点。内扩散速度受到煤的孔隙结构、孔隙率及反应气体的分子量等多重因素制约，因此该阶段的反应速率通常较为缓慢。

一旦反应气体到达固体表面，分子将发生吸附，形成中间络合物，此步骤为表面反应阶段的初步过程。反应气体的分子与煤表面的化学键合及表面活性位点的可用性，直接影响中间络合物的形成速率。随着中间络合物的生成，它们或与其他络合物发生反应，或与气相中的分子发生进一步反应。上述阶段属于表面反应过程，而表面反应是气化过程中较为关键的一环，其速率决定了气化的整体进程。

反应完成后，吸附态的产物从固体表面脱附，进入气相或其他反应阶段，脱附过程的速率与煤的表面性质及产物分子解吸的能量有关。随后，产物分子需要通过煤的内部孔道扩散出来，完成内扩散过程，最终，产物从固体表面扩散回气相，完成外扩散阶段。所有这些扩散过程的速率共同决定了气化反应的传质效率。

由于每个阶段的反应和扩散过程存在不同的阻力，气化反应的总体速率由最慢的步骤所控制。在低温下，表面反应过程通常是气化反应的主导步骤，因为表面反应涉及直接的化学转化。随着温度的升高，扩散过程逐渐成为反应速率的控制步骤，产生这一变化的原因在于高温下化学反应速率提升。然而，扩散过程仍受到物理条件的制约。因此，研究气化反应须全面考察温度、气体性质及煤的物理化学特性，这样才能改进出能够有效提升气化效率的工艺。

## 二、煤炭的气化方法

### （一）气流床气化法

气流床气化法发展于20世纪50年代，至今已成为全球范围内煤气化技术的重要形式之一。该技术主要通过高速气流携带细磨煤粉与气化剂在气化炉中进行充分混合、燃烧和气化反应，有效提高了煤的气化转化率和生产能力。气流床气化法具有极高的热效率和较强的煤种适应性，尤其在加压气化技术方面，展现出在工业应用中的巨大潜力。

气流床气化技术的核心在于气固并流的气化方式。不同于传统的固定床或流化床气化法，气流床气化法通过高速气流携带细煤粉与气化剂在炉内进行快速且高效的反应。通常情况下，气体与固体的停留时间在1秒至10秒之间，这使煤粉的气化反应速度大大提高。通过使用超细煤粉，气化反应的比表面积显著增加，煤粉在高温气化条件下与氧气及水蒸气形成的气化剂发生快速反应，从而大大提升了煤的气化强度和炉内气化效率。

在气流床气化法中，煤气的主要成分为 CO、$H_2$、$CO_2$ 和 $H_2O$，并且通常不含有焦油、酚类及烃类液体等污染物，这一特性使通过该方法得到的煤气在后续净化过程中能够减少处理压力，并使煤气的纯度和品质得到显著提高。气化过程中的煤气温度普遍较高，通常在 1400 ℃左右，这有助于提高煤气的反应活性和热效率，也为后续的热回收系统设计提供了良好的条件。

气流床气化法采用加压气化的方式，这与常压气化不同。前者能在较高的压力下提高煤气的转化率，并使气化过程更加稳定。加压气化还可以有效提高气化炉的生产能力，并减少热能损失。气流床气化法中的加压环境使反应速度和转化效率得到进一步的提升，同时气化炉中的高温条件（可达 2000 ℃）也有助于提高气化反应的速率，这确保了煤气中主要成分的最大化转化。

气流床气化法的煤种适应性强，能够处理多种煤种，尤其是高灰分、高硫分或含水量较高的煤。气化过程中，煤粉的粒度较为灵活，一般无须过分细磨，但需要进行热风干燥处理，避免煤粉结团或结块，这一点对高水分煤种尤其重要。气流床气化炉设计允许的煤粉粒度的变化范围不是很大，一般要求小于 200 目。

尽管气流床气化法具有多种优点，如高效的气化反应、强大的煤种适应性以及较高的气化强度，但其也存在一定的局限性。气化炉内温度的控制非常关键，高温条件下容易出现煤气中携带未反应碳粒的现象，进而影响煤气的成分和热值。煤气的一氧化碳含量较高，导致其热值相对较低，因此需要通过相应的优化措施来提高煤气的热值和燃烧效率。

气化反应速度较快，煤粉的停留时间短，这使某些低燃烧值的成分未能充分反应，产出的粗煤气中的热解产物可能对后续的煤气净化工作产生一定压力。因此，气流床气化法的后续净化处理成为提高其整体效率和环保性的关键因素。尽管如此，气流床气化法的粗煤气中不含有焦油及烃类液体等污染物，这使其在净化处理方面相对其他气化方式更为简便。

气流床气化法的另一特点是其高温气化条件下的液态排渣方式。气化炉内煤灰在高温下软化并以液态形式排出，这有效解决了高温气化过程中灰分的处理问题，也降低了炉内的操作复杂性和维护难度。排渣系统的设计与冷却方式直接影响气化炉的整体运行效率，因此，对炉内温度和排渣系统的优化设计尤为重要。

（二）流化床气化法

流化床气化的核心原理是通过气化剂的引入，使固体煤粉在气流的作用下处于流态化状态，从而促使煤与气化剂发生充分的化学反应。气化剂通常为氧气或蒸汽，它们在流化床反应器中与煤粉充分接触，促进煤的气化反应并生成合成气（主要成分为 CO 和 $H_2$）。该气体可以用于发电、化学合成等多种工业应用场景。

流化床气化法的优势在于能够实现较为均匀的温度分布。由于气流的作用，床层的温度在整个反应器内保持相对一致，从而避免了局部过热或过冷的现象，提升了反应的稳定性和气化效率。温度均匀性是流化床气化法的关键特点之一，它显著提高了气化过程中的传热和传质效率，有助于优化煤的气化过程和提高气化强度。在气化反应中，高效的传热能够加快煤粉与气化剂之间的接触和反应，进而提升反应速率和煤的碳转化率。

流化床气化法具有较强的适应性。其所使用的煤粉粒度相对较粗，不要求过度精细化，这在一定程度上降低了煤粉制备的成本。因此，流化床气化法对煤种的适应性非常强，能够处理不同种类的煤，尤其是一些灰分较高或低质量的煤。同时，使用粉煤作为原料的流化床气化过程能够有效扩大煤的比表面积，进而促进煤粉与气化剂的充分接触和反应，进而提高气化效率和煤气产率。

流化床气化的产品煤气几乎不含焦油和酚类物质，这一特点使其在环境保护方面具有显著优势。传统的气化技术可能会生成大量的有害物质，诸如焦油和酚类化合物等，这些物质不仅会影响煤气的质量，还会加大后续净化处理的难度。流化床气化通过独特的反应条件，能够有效避免这些污染物的生成，并使煤气的质量得以提升，从而降低后续处理的成本和复杂度。

（三）煤炭地下气化法

煤炭地下气化是针对处于地下的煤炭进行有控制的燃烧，通过对煤的热作用及化学作用产生可燃气体或原料气的过程，以实现煤炭清洁开采。它被誉为新一代采煤方法。①

煤炭地下气化法的工艺过程主要包括钻建产品井、控制燃烧注入井及地下气化反应。与传统的煤炭开采技术不同，煤炭地下气化不需要通过开挖采煤，也无须工作人员进入地下，从而有效避免了煤矿井工开采过程中存在的安全隐患。该技术能够直接在地下煤层内进行气化反应，生成低成本的工业燃气和化工合成原料气（合成气），其主要成分包括氢气、天然气、一氧化碳、二氧化碳等。这些合成气可以通过产品井输送到地面，经过物理水洗、分离和净化后，直接供应给下游能源和化工企业，或用于居民生活中的能源供应。

煤炭地下气化法显著的优势是对煤炭资源的高效利用。在该技术的气化过程中，煤炭被原位转化为气体，这不仅避免了传统煤炭开采带来的环境破坏，还使煤炭资源得到了最大化的利用。传统的煤炭开采往往会带来大量的矿山废弃物和资源浪费，而地下气化法则通过就地转化，提高了煤炭的综合利用率，显著减少了开采和运输过程中的能源消耗和环境污染。

基于煤炭地下气化法的能源和化工合成原料气具有较低的生产成本，与传统的煤气化技术相比，地下气化法通过在地下进行气化反应，减少了煤炭的运输和处理成本，降低了气化过程中的能源损耗。生产的合成气经过净化处理后，可广泛应用于能源、化工等行业，这进一步拓宽了煤炭的应用领域，延伸了煤化工产业链，提升了煤炭资源的附加值。

煤炭地下气化法基本实现零污染排放。在地下气化过程中，煤炭的气化产物主要为合成气，污染物产生较少，且通过先进的气体净化技术，能够有效去除其中的有害物质，确保气体的清洁性。由于不需要大规模的开采作业，地下气化法能够减少煤矿开采过程中的环境破坏，如土地塌陷、水污染和空气污染等，具有显著的环保效益。具体方法如下。

### 1. 有井式地下气化法

有井式地下气化法是一种将煤层通过井巷开通，以进行地下气化的技术

---

① 许加芳. 煤炭地下气化的原理及发展情况 [J]. 煤矿现代化，2014（5）：120-122.

方法。该方法在煤炭资源的开采与利用中发挥着重要作用，尤其适用于难以开采或不具备经济效益的煤层。尽管有井式地下气化法技术背景复杂，操作要求较高，但随着技术的不断进步，其仍然被视为一种具有潜力的能源开采方式。

从技术原理上看，有井式地下气化法通过钻井和巷道的结合，将气化剂送入地下煤层，利用煤层的高温环境将煤转化为合成气（主要包括一氧化碳、氢气、甲烷等气体），这些气体可被进一步用于发电、化工原料生产等领域。气化过程需要持续监测与调控，以确保气体的产量和质量。然而，这一过程受地下地质环境影响较大，操作过程中会涉及诸多不确定性因素。

有井式地下气化法的准备工作量较为庞大，尤其是在地下气化炉的建设阶段，此类工作不仅要求技术人员具备丰富的地质勘探和工程经验，还要求对地下气化炉设计、施工等方面的细节进行周密规划。由于气化过程中涉及地下开采工作，其施工的安全性和效率都直接影响最终的气化效果，因此需要大量的投资与物力保障，且项目周期较长。井巷的建设和维护过程也相对复杂，工程量大，涉及多方面的专业技术，尤其是在煤层条件不稳定时，工程面临的困难更为严峻。

井巷的密闭性问题是有井式地下气化法的一大挑战。巷道的密闭性不足，容易造成漏风，这将影响气化过程中的氧气供给，从而导致气化效率降低或气化过程的不稳定。为了解决这一问题，必须进行大量的技术改进，提升巷道的防风防漏能力。巷道漏风不仅增加了能源浪费，还可能对周围环境产生负面影响，因此对于密闭技术的提升与完善尤为关键。

有井式地下气化过程中的稳定性与可控性也是亟待解决的难题。由于煤层的气化性质受多种因素影响，如煤层的化学组成、物理状态以及气化剂的选择等，气化反应过程往往难以完全按照预定的方式进行，气化产物的质量和气化率存在较大的波动。因此，如何精准控制气化过程中的参数，如温度、压力、气化剂流量等，成为保证气化效能的重要环节。实现高效、稳定的气化过程需要不断优化和改进技术，以保证气化过程的可控性和稳定性，从而提高能源利用效率。

## 2. 无井式地下气化法

无井式地下气化法是一种通过地表钻孔技术，直接将气化剂送入地下煤层并引导气化过程的技术方法。与传统的有井式地下气化法相比，无井式地下气化法具有更高的操作灵活性和较低的建设成本，因此在煤炭资源的开发和能源利用领域展现出广阔的应用前景。该方法利用定向钻井技术，从地表钻孔到达煤层，建设送气孔、出气孔和煤层中的气化通道，进而构建地下煤气发生炉。

无井式地下气化法的核心在于定向钻井的应用，定向钻井技术使钻孔能够精准地穿越至目标煤层，并在地下形成气化通道，这一技术相较于传统竖直钻井具有显著优势，能够有效减少钻井过程中的困难与风险。特别是在复杂地质环境下，定向钻井技术能够提高钻孔的精度，确保气化过程的顺利进行。同时，通过地表的多个钻孔系统，能够实现气化剂的均匀供应和气体的高效收集，从而保证地下气化炉的稳定性和产气效率。

无井式地下气化法相比传统井式气化法具有显著的成本优势。由于不需要开掘大量地下巷道进行煤层气化，整个工程的前期投资及运营成本得以显著降低。钻井作业过程较为简便，能够较快完成地质勘探与气化通道的建设。这种方式有效减少了施工过程中的环境影响，避免了传统煤矿开采中可能产生的生态破坏；尤其在那些地表资源已经高度开发或环境敏感的区域，无井式地下气化法显得尤为重要。

尽管无井式地下气化法在许多方面具有明显的优势，但其在实际应用中仍面临一些挑战。气化过程中煤层的稳定性仍然是影响气化效果的关键因素，由于气化剂的供应、煤层的气化特性及地下气流的引导等因素难以完全预见，技术人员在设计气化通道时，必须对煤层的物理性质和地质构造进行充分的了解和分析，以保证气化过程的高效和稳定。同时，气化产物的控制也是一个不容忽视的问题，如何确保出气孔中气体的组成稳定，以满足不同工业用途的要求，仍然是技术研究的重点。

地下气化过程中的温度与压力控制也对气化效率产生重要影响。气化反应需要在特定的高温条件下进行，在地下煤层中实现精确的温度控制，是无井式地下气化法能够成功应用的关键之一。过高或过低的温度都可能导致气化过程的不完全，甚至对煤层造成不必要的损害。因此，气化过程中的温度监控与调控技术将直接决定气化效果的好坏。

## （四）移动床（固定床）气化法

### 1. 常压移动床气化法

常压移动床气化法的基本原理在于利用自供热系统和干法排灰技术，在气化炉中将固体燃料转化为可燃气体和其他有用化学物质，这一过程通过移动床的方式促进煤与气化剂的充分接触与反应。常压气化法具有操作简单、设备成本较低的优势，且在环保方面具备较强的适应性，尤其是在对煤种的适应能力和灵活性上表现尤为突出。

常压移动床气化法的气化反应分为不同的反应区域，包括预热干燥层、干馏层、气化层（还原层）、氧化层及灰渣层，这种分区式的设计使气化过程能够在不同的温度和反应条件下进行，以促进煤的充分气化与能量的有效利用。在实际操作中，固体原料煤通过炉顶加入，在其向下移动的过程中，与自底部进入的气化剂发生逆流接触，并在不同温度区段进行一系列的物理化学反应。

在气化炉的底部，气化剂先进入灰渣层，与灰渣进行热交换。灰渣层温度较低，且不参与化学反应，主要起到对气化剂预热的作用，并能使排出的灰渣中残炭含量较少，确保了灰渣层的稳定性。接着，经过预热的气化剂进入氧化层，在高温条件下与焦炭发生氧化反应，生成二氧化碳（$CO_2$）和一氧化碳（CO），并释放出大量的热能。氧化层是气化炉中温度最高的区域，为其他反应提供了必要的热源，因此在气化过程中的作用至关重要。

氧化反应释放出的热量使气化剂升温并继续向上升至还原层。还原层是煤气化反应的核心区域，主要发生一氧化碳与二氧化碳、水蒸气与焦炭的还原反应。这些反应以吸热形式进行，从而导致还原层温度相对较低。还原层中可燃气体（如一氧化碳和氢气）生成的过程中，提供了大量的燃气资源，同时这些气体在上升过程中又与进入炉内的煤源发生热交换，从而促进煤的干馏。

在干馏层，原料煤在温度超过 350 ℃时开始热解，生成可燃气体和焦油，并通过煤的焦化过程进一步形成焦炭。此时，由于上升气流几乎不含氧气，煤的反应过程处于无氧的热解状态。干馏层主要负责煤的初步转化，生成的煤气中含有大量气体杂质，这些杂质将在随后的气化过程和煤气净化阶段得到进一步处理。

常压移动床气化法的气化过程虽然具有明显的温度分布和区域划分，但实际上，各个区域之间的气化反应是连续的，气流的上升与煤的下行相互作用，促使气体成分逐渐发生变化。在实际操作中，气化炉内的温度和气体成分的分布与上述理论模型基本一致，但由于煤种、气化剂类型及炉内操作条件的不同，实际反应过程中各个层次间的反应强度和热传导效率也会有所不同。

常压移动床气化法的技术应用涉及燃料和气化剂的选择。煤的不同理化性质会直接影响气化过程的热效率和气体产物的质量，因此，合理选择煤种与气化剂是提高气化效率和煤气品质的关键。常压气化技术也要求对炉内温度分布和反应速率进行精细控制，以确保气化反应高效进行，尤其是保持气化炉氧化层和还原层之间的温度平衡。

## 2. 加压移动床气化法

加压移动床气化法通常在 1.0~2.0 MPa 或更高的压力下操作，加压气化法在处理煤炭原料的过程中具有更为显著的优势，尤其是在提升煤气的热值、提高气化强度和增强煤种适应性等方面。该技术广泛应用于需要大规模生产煤气的工业领域，具有良好的经济效益和技术前景。加压气化法的基本特点是采用氧气和水蒸气作为气化介质，以褐煤、长焰煤或不黏煤等为原料进行气化反应。加压气化能显著提高煤气的热值，减少氧气消耗，并降低粉尘带出量，提高气化过程的生产能力。

加压气化法的气化原理与常压气化法相似，但由于高压条件的影响，二者反应的动力学和热力学特性有所不同。煤气化过程中涉及的基本反应，包括煤的燃烧、二氧化碳还原反应、水煤气反应及水煤气平衡反应，在加压条件下反应速率会有所加快。与常压气化不同的是，许多生成甲烷的反应在常压下需要催化剂的参与，而在加压条件下，这些反应能够自发进行，形成甲烷层。甲烷的生成反应主要包括碳加氢反应及一氧化碳与氢气的合成反应，这些反应在加压气化炉中的温度和压力条件下加速进行，生成甲烷的速度较常压气化时显著提升。

加压气化法的显著特征是反应区域的分层结构。与常压气化相似，加压气化炉内也按反应区域进行分层，通常包括氧化层、还原层和甲烷层。氧化层处于炉底，气化剂与炽热的煤发生剧烈的氧化反应，释放大量的热量，为其他反应提供所需的热源；还原层位于氧化层上方，主要进行二氧化碳还原和水煤气反应，生成一氧化碳和氢气，吸热过程使该区域温度下降；甲烷层位于还原层上方，主要通过甲烷生成反应形成，生成的甲烷在此区域不断积累。由于甲烷的生成速度较慢，甲烷层的厚度往往较大，甚至占据整个反应料层的近三分之一。

加压气化法在高压条件下也显著影响了各个反应的平衡与速率。特别是水煤气生成反应和二氧化碳还原反应，由于其反应体积增大，因此在加压条件下，反应的化学平衡会向生成气体的方向移动，从而提高一氧化碳和氢气的生成量。由于反应体积的增大，加压条件使化学平衡向左移动，导致煤气中二氧化碳的含量增加，且水蒸气的消耗量较大，因而形成较多的废水。针对这一现象，需要在气化过程中进行精细的操作控制，以确保反应的高效性和煤气产物的质量。

加压气化过程中气化剂与煤的接触及反应温度的控制也受到了压力的影响。在高压条件下，气化剂的热交换能力增强，反应速率加快，有利于提高煤气化效率。气化剂的选择和布料方式在此过程中发挥着至关重要的作用，需要根据煤的性质和气化反应的需要进行优化。由于高压条件下气化剂的反应活性较强，必须有效控制氧气和水蒸气的供给量，以避免生成过多的不利气体产物，如焦油和轻油蒸气。

# 第三节 煤制氢技术发展探析

## 一、煤制氢技术的发展历程

煤制氢技术是一种将煤转化为氢气的技术，其发展历程可以追溯到 20 世纪初。随着时间的推移，这项技术经过了多年的发展和改进，从早期的实验到工业化应用，再到如今的研究和创新，其发展历程大致可分为以下四个阶段。

### （一）早期实验阶段

20 世纪初，煤制氢技术早期的实验阶段，其实就是这个技术领域开始发展的起点。在这一时期，科学家们基于煤的热化学转化特性，探索通过加热煤并与水蒸气反应的方式来提取氢气。这些初步实验为后续煤制氢技术的演进奠定了理论基础，并为煤具有转化为清洁能源的潜力提供了初步的证据。通过高温下的煤气化过程，水蒸气与煤反应生成合成气，其中氢气作为重要的成分之一被分离和收集。

随着实验的逐步深入，研究者发现反应的效率和产率受多个因素的影响，尤其是催化剂的选择和反应条件的控制。催化剂的引入极大地提升了反应速度，并且通过催化作用可以使反应在较低的温度下进行。这不仅降低了能源消耗，还提高了氢气的产率和质量。具体而言，催化剂的使用能够有效地削弱反应的能量壁垒，优化反应路径，从而使氢气的生成更加高效。催化剂的不同种类及其使用方式对产氢过程中的反应速率和选择性产生重要影响。通过调整催化剂的种类、反应温度和压力条件，能够在一定程度上提高氢气的纯度和收率。

20 世纪初的煤制氢实验，不仅展示了煤气化过程的可行性，而且为未来煤制氢技术的创新和优化奠定了基础。这些早期的实验成果为后续的技术发展提供了重要的理论依据和实验数据，推动了煤制氢从理论探索向工业化应用的迈进。

（二）工业化应用阶段

20 世纪 30 年代，煤制氢技术进入了工业化应用阶段，标志着这一技术开始向实践转化。随着技术的逐步成熟，煤制氢不仅被视为一种潜在的替代能源开发途径，还成为应对能源短缺问题的关键技术之一。这一时期，煤制氢的工业化应用逐渐得到认可，并开始在多个工业部门广泛应用，包括燃料生产、合成化学品制造及液体燃料合成等。

尽管煤制氢技术在工业领域初步得到了应用，但其在实践中仍面临许多技术性和资源性挑战。煤制氢是一个高能耗的过程，煤炭在气化过程中需要消耗大量的能源，这使整个生产过程的经济性受限。当时，煤炭资源的可得性与其生产过程的高能耗之间的矛盾，使煤制氢的工业化应用面临资源紧张和能源浪费的双重压力。此外，煤制氢过程本身不仅需要大量的煤炭作为原料，还会产生大量的热量，进而需要相应的能源输入以维持反应条件的稳定。

这种高能耗的特性限制了煤制氢技术在资源较为贫乏地区的广泛应用。

煤制氢过程产生的副产品，尤其是二氧化碳等温室气体，成为其工业化应用中的重要环境问题。在当时的技术条件下，煤制氢反应往往伴随大量二氧化碳的释放，这会对环境产生显著负面影响。二氧化碳的大量排放不仅加剧了空气污染，还在一定程度上推动了气候变化的进程。因此，如何有效降低二氧化碳排放，成为煤制氢技术进一步发展的重要课题。

尽管如此，煤制氢技术的工业化应用为后续技术改进和优化提供了宝贵的经验。随着需求的增加和技术的进步，煤制氢工艺逐渐向着更高效、低碳的方向发展。通过反应器的优化设计、催化剂的改良及气化过程中的热能回收，煤制氢的能效得到了提升，煤炭资源的利用效率也有所提高。随着环境保护意识的增强，煤制氢在减排技术方面也经历了不断地改进，尤其是在二氧化碳捕集与封存技术的研究与应用方面，煤制氢的环保性和可持续性有了显著提升。

## （三）技术改进与优化阶段

20世纪中期至后期，煤制氢技术经历了一系列重要的改进与优化，反应效率和氢气产率显著提高。技术的进步主要体现在反应条件的优化、催化剂的创新及反应器设计的改良等方面。这些改进不仅提升了煤制氢的整体效率，还为该技术在工业中的应用提供了更加坚实的技术支持。

20世纪50年代，煤制氢技术的核心改进之一是通过提高反应条件（尤其是温度和压力的提升），从而显著优化氢气的产率。高温高压反应条件能够有效地促进煤的气化过程，提高煤气化反应的速率，进而提高氢气的产量。此外，在这一时期，催化剂的使用也逐步得到改进。通过选择适当的催化剂，尤其是某些金属催化剂，可以加速反应速率，并在较低的温度下实现更高效的煤制氢过程。这一发现为后续的技术优化奠定了基础，并进一步提高了煤制氢过程的能效。

20世纪60年代和70年代，催化剂的改良成为煤制氢技术进步的关键因素之一。通过对催化剂的材料与结构进行深入研究，研究者发现，使用贵金属催化剂能够显著提升反应的选择性与速率。贵金属催化剂具有较高的催化活性与热稳定性，能够在更严苛的反应条件下实现更高效的催化效果，进而提高煤制氢的整体效率。此外，催化剂的多重组合也被证实能够在某些反应体系中产生协同效应，进而优化氢气的生成过程，提高反应的稳定性与可靠性。

20 世纪 80 年代，煤制氢技术进入更加精细化的优化阶段，研究者开始将微观反应器和膜分离技术引入煤制氢过程。微观反应器凭借其较大的比表面积和较高的反应速率，能够提供更为精确的反应控制和更高的反应效率。这一技术的引入使煤制氢的反应过程得以在更小的空间内进行，从而提高了资源的利用效率和能源的转换效率。同时，膜分离技术的应用进一步提高了煤制氢过程的气体分离效率，它能够在反应后有效地将氢气与其他气体（如 CO 和 $CO_2$）分离，避免氢气纯度不高的情况，使煤制氢产品的整体质量得到了显著提升。

（四）新技术的发展阶段

随着煤制氢技术面临的能源和环境问题日益严峻，相关研究不断探索更加环保、高效且可持续的技术路径。为应对传统煤制氢过程中高能耗和环境污染的挑战，近年来新技术的发展成为煤制氢领域的重要方向。这些新技术不仅在提高氢气产量与纯度方面具有显著优势，还在环境友好性和资源利用效率方面做出了重要贡献。

新兴技术便是通过煤气化、净化与吸附分离等工艺，将煤转化为高纯度的氢气。这一技术路径强调在煤制氢过程中对氢气的高效提取与精炼，其目标是提高氢气的纯度。高纯度氢气具有广泛的应用前景，尤其是在氢燃料电池领域，因此，氢气的高效提取与精炼对推动可再生能源和清洁能源的应用具有积极意义。煤气化技术在高温条件下将煤转化为合成气，其中含有氢气和一氧化碳等成分，通过后续的净化与吸附分离技术，可以去除其他杂质，获得高纯度氢气。这一技术的最大优势在于能够实现煤资源的高效利用，同时有效提升氢气的质量，为氢能产业的可持续发展提供新的技术保障。

煤矿瓦斯作为煤矿开采过程中的副产物，甲烷含量较高，成为另一种潜力巨大的氢气来源。煤矿瓦斯制备氢气的技术，通过对瓦斯进行处理和纯化，能够提取出具有较高纯度的氢气。这一技术的研究与应用不仅有助于优化煤矿瓦斯的资源利用，减少其对环境的负面影响，还能为煤制氢技术提供一种新的资源基础。煤矿瓦斯的利用不仅能提高煤制氢过程的能源利用效率，而且有助于减少温室气体的排放，符合可持续发展的要求。

随着可再生能源技术的快速发展，研究者也在积极探索如何利用太阳能、风能等可再生能源驱动煤制氢过程。通过将可再生能源与煤制氢技术相结合，可以有效降低传统化石能源的消耗，减少碳排放，从而在保障氢气生产效率的同时，提高煤制氢过程的环境效益。太阳能和风能的应用可以为煤制氢过程提供清洁、绿色的能源输入，这不仅有助于提升煤制氢技术的可持续性，还使煤制氢过程更加环保，从而降低对传统能源的依赖，为全球能源结构转型提供重要的技术支撑。

## 二、煤制氢技术的发展前景及应用

作为一种利用煤炭资源制取清洁能源的技术，随着全球能源转型进程和环境保护需求的日益增长，煤制氢技术展现出广泛的应用前景和发展潜力。煤制氢不仅能够为全球能源结构的转型提供重要支持，还能为解决能源储存和稳定性等问题提供可靠的技术手段。煤制氢的技术优势和应用价值主要体现在以下方面。

### （一）全球能源转型

当前，传统能源消耗所带来的环境污染和资源枯竭问题日益严重，全球各国都在寻求更加清洁、可持续的能源解决方案。虽然可再生能源如太阳能和风能等在全球能源结构中占据着越来越重要的地位，但由于其生产过程存在不稳定性和间歇性等挑战，依赖可再生能源的国家和地区在能源供应的稳定性方面仍面临较大困扰。而煤制氢利用煤炭这一资源丰富的原料，可以稳定地生产氢气，为能源系统的平衡和可靠提供保障。基于煤制氢技术的氢气产量具有较大潜力，可以为全球能源供应提供一部分长期稳定的支持。

### （二）交通领域

随着环保要求的提升，氢燃料电池车辆因其清洁排放、能源高效等特点，成为未来交通领域发展的重要方向。然而，氢燃料电池车辆面临着氢气生产和储存等技术瓶颈，特别是氢气的来源和供应稳定性问题。煤制氢技术通过利用煤炭资源，不仅能够确保稳定的氢气供应，还能满足氢燃料电池车辆对高纯度氢气的需求。通过进一步的技术革新和生产工艺优化，当前煤制氢技术可以达到的氢气纯度，完全符合氢燃料电池车辆的使用标准。因此，煤制氢不仅能够推动使用清洁能源的交通工具的发展，还能减少对使用传统化石燃料的交通工具的依赖，从而在减少温室气体排放、改善空气质量方面发挥积极作用。

### （三）工业领域

工业生产过程对能源的需求量大，且对能源供应的稳定性和成本控制有着严格要求。煤制氢通过煤炭转化为氢气，可有效替代传统能源，提供稳定且高效的能源支持。与传统燃煤发电相比，煤制氢技术的能源转化效率明显较高。这一优势不仅有助于提升煤炭资源的综合利用率，还能有效降低能源消耗、减少环境污染，从而为工业领域的可持续发展提供有力支持。

### （四）能源存储和调峰领域

随着可再生能源在全球能源体系中占比的不断提升，如何应对其产生的波动性和不稳定性，保障能源供应的连续性和可靠性，成为当前能源领域的重要课题。氢气作为一种理想的能源存储载体，能够在需求低谷期储存多余的电力，并在需求高峰期释放出来，为电力系统提供平滑的调节功能。煤制氢作为一种高效的氢气生产途径，储能密度可达到 30 g/L，存储能力显著优于传统电池储能系统。因此，煤制氢技术不仅能够提供氢气作为能源储备，还能与可再生能源有效结合，在电力调峰和能源储存方面发挥积极作用，进一步推动清洁能源系统的稳定运行。

## 第四节　煤炭直接液化与间接液化技术的发展与转化

### 一、煤炭直接液化技术

#### （一）煤炭直接液化技术原理

煤炭直接液化技术的核心原理在于通过加热和加氢过程，破坏煤炭复杂的大分子结构，从而实现煤炭的液化。由于煤炭的化学成分与石油有显著差异，因此在煤炭直接液化的过程中，需要克服多个技术难题，确保最终产物能够达到高质量的石油标准。煤炭直接液化的基本过程包括大分子结构的分解、氢碳比的提高、杂原子的去除及无机矿物质的脱除。

煤炭的化学结构非常复杂，主要由大分子聚合体构成，包含多个含氧官能团和侧链。煤中还存在大量的无机矿物质和吸附水，这使煤炭在液化过程中需要进行彻底的分解处理。煤炭的直接液化必须先将这些大分子结构通过加热或催化反应分解成小分子。通常情况下，当煤炭的加热温度为 250 ℃ 以上时，煤中各分子单元间的桥键开始断裂，生成自由基碎片。这些自由基碎片具有较强的反应活性，可以与氢气发生反应，进一步转化为氢碳比更高的小分子产物。

煤炭直接液化的关键步骤是通过加氢作用提高产物的 H/C 比，达到类似石油的水平。煤炭中的氢含量较低，而氢碳比的提高对最终产物的性质至关重要。在液化过程中，通过加氢反应，煤炭中原本较低的氢含量可以得到有效补充，从而提高液化油的质量。氢的来源通常包括煤炭分子内部的氢再分配、外部氢气的输入、供氢溶剂中的氢及通过催化反应释放的氢分子。在这一过程中，活化氢的使用至关重要，因为只有在活化氢的作用下，煤炭分解出的自由基才能迅速地与氢结合，生成更为稳定的产物。

为了保证煤炭液化过程中的液体产物符合石油标准，去除煤炭中的氧、氮、硫等杂原子就成了一个不可忽视的任务。这些杂原子不仅会影响液化油的质量，还会影响其后续的使用性能。因此，在煤炭液化工艺中，必须有效去除这些杂原子，以确保最终产物的化学纯度。煤炭中的无机矿物质也必须在液化过程中被去除，以防止它们在液化过程中对设备造成腐蚀或影响产品的品质。

煤炭直接液化技术的成功实施离不开高压力和高温环境。为了保证系统中足够的氢浓度，反应通常需要在 5~30MPa 的压力范围内进行。高压环境提高氢气的溶解度，并确保氢分子与煤炭分解产生的自由基碎片充分反应。高压条件下，设备对材质的要求较高，且能耗较大，这些都给煤炭液化工艺的应用带来了一定的挑战。

### （二）煤炭直接液化的催化剂

根据成本与再生能力，催化剂通常可分为廉价可弃型催化剂与高价可再生型催化剂。这两类催化剂在催化煤炭液化反应时各具特点，且其选择直接影响液化过程的经济性与技术可行性。

#### 1. 廉价可弃型催化剂

廉价可弃型催化剂，正如其名，在煤炭液化反应过程中被设计为一次性使用并随后排出。这类催化剂由于使用后无须回收的特性，特别适合于那些一次性反应的场合。它们之所以在工业化操作中受到青睐，主要是因为其成本低廉，从而在经济上具有明显的优势。典型的廉价可弃型催化剂包括含有硫化铁或氧化铁的矿物或冶金废渣，如天然黄铁矿和高炉飞灰等。铁系催化剂的应用历史相当悠久，且在煤炭液化的初期研究中已经取得了一些重要的成果。这类催化剂主要用于煤的初级加氢液化反应，其催化机制通常与煤炭分子结构的断裂和加氢反应密切相关。尽管这些催化剂在煤液化过程中的活性相对有限，并且随着反应的进行，催化剂的活性会逐渐减弱，但其经济性使得它们在一些低成本煤液化工艺中仍然具有广阔的应用前景。

在煤炭液化技术的发展历程中，廉价可弃型催化剂的使用显著降低了操作成本，使煤炭液化技术在经济上更具竞争力。然而，为了进一步提高煤炭液化的效率和催化剂的性能，研究人员正在探索新的催化剂类型和改进现有催化剂的使用方法。例如，通过纳米技术对催化剂进行改性，可以提高其活性和选择性，从而在一定程度上解决传统廉价可弃型催化剂活性有限的问题。此外，一些研究聚焦于开发新型催化剂，这些催化剂不仅能够提高煤炭液化的转化率，还能减少副产品的生成，从而提高整体的经济效益和环境友好性。

#### 2. 高价可再生型催化剂

高价可再生型催化剂具有更高的催化活性，能够显著提升煤炭液化反应的效率。由于价格较高，这类催化剂通常需要在反应过程中循环使用。常见的高价可再生型催化剂包括多孔氧化铝或以分子筛为载体的加氢催化剂，其主要活性成分通常为 $NiO$、$MoO_3$、$CoO$ 和 $WO_3$ 等金属化合物。在煤炭液化的高温高压条件下，这些催化剂能够有效地促进煤的加氢裂解及分子重组反应，从而提高液化产物的产率和质量。随着反应时间的推移，催化剂的活性会逐渐衰退，因此需要设有专门的催化剂加入与排出装置，以保证反应过程中催化剂的持续活性。在高温高压反应环境中，催化剂的更新和维护无疑会增加工艺的复杂性、提高系统的技术要求。

在催化剂的活性方面，金属硫化物表现出较其他金属化合物更高的催化活性，尤其是在煤炭液化过程中，硫化铁和硫化钼等金属硫化物能够显著提高反应速率。因此，为了提高催化剂的活性，在使用铁系催化剂或铝系催化剂时，通常会将其转化为硫化态形式。此外，反应系统的氢气环境中必须保持一定的硫化氢浓度，以防催化剂在反应过程中被还原为金属态而失去催化活性。

## 二、煤炭间接液化技术

煤炭间接液化技术，指在特定的温度与压力条件下，利用催化剂对通过煤气化得到的一氧化碳和氢气进行合成反应，以生成石油和其他化学产品的过程。该技术常被称为一氧化碳加氢反应或费托合成法（Fischer-Tropsch Process），它不仅是石油合成工业的起点，也是煤炭间接液化的重要途径。

### （一）煤炭间接液化合成法

#### 1. 煤炭间接液化合成法原理

煤炭间接液化合成法的基本原理是通过一氧化碳和氢气的加氢反应生成饱和烃和不饱和烃。在这一过程中，不是仅有单一的加氢反应，而是有多个平行和顺序反应的复杂相互作用，这些反应互相竞争并互为依赖。

生成烃类和二氧化碳的反应概率较生成烃类和水的概率更高，这表明生成二氧化碳的副反应较为显著。在各种烃类化合物中，烷烃的生成最为容易，其次为烯烃、双烯烃、环烷烃和芳烃，而炔烃的生成几乎不发生。对于同一类型的烃类，随着碳链长度的增加，其生成的概率也有所上升，这一趋势体现了反应生成长链烃的可能性。另外，温度对反应产物的影响具有显著性，随着温度的升高，主要产物生成的效能受到抑制，尤其是对多碳烃类和醇类的生成不利。较高的温度有利于低烷烃的生成，反之，低温则有助于生成不饱和烃和含氧化合物。通过优化反应条件，合成气转化过程可以得到有效调控，以实现所需产品的高效生成。

**2. 煤炭间接液化合成的催化剂**

煤炭间接液化合成过程依赖于催化剂的有效作用,其中铁、钴、镍和钌等金属均可作为催化剂,但工业上主要使用的是铁催化剂。铁催化剂因成本较低、选择性较好及操作适应性较强,成为最常用的催化剂类型。铁催化剂不仅适用于合成较高辛烷值的汽油,还能够在高空速合成过程中发挥较好效果。铁系催化剂可分为沉淀铁系催化剂和熔融铁系催化剂两大类,沉淀铁系催化剂多应用于固定床反应器,操作温度通常在 200 ℃ ~ 280 ℃,其制造过程为将水溶性铁盐溶液沉淀,经过干燥、焙烧及氢气还原后得到催化剂。熔融铁系催化剂应用于温度较高的气流床反应器,操作温度通常为 280 ℃ ~ 340 ℃。熔融铁系催化剂的制备方法是:将磁铁矿与助熔剂熔融后,通过氢还原制得。尽管其活性相对较低,但具有较高的强度,适合在更高温度下使用。

为了进一步提高合成反应的选择性,研究人员还开发了如 Fe/ZSM-5、Zn-Cr/ZSM-5 等改性催化剂,以改善 F-T 合成的产物分布。这些改性催化剂能够在优化反应条件的同时提高催化效率,从而实现更高的液化效率和产品质量。催化剂的活性对间接液化合成的转化率及产物分布具有关键作用,不同催化剂在温度和压力条件下的活性表现不同,因此必须在合适的条件下使用催化剂以获得最佳效果。

从化学平衡角度分析,压力的升高有利于合成反应的推进,但过高的压力也可能对催化剂的活性和寿命产生不利影响。铁催化剂通常在中压条件下工作,压力范围为 0.7 ~ 2.5MPa,这有助于维持催化剂的活性并确保其稳定性。此外,合成气中氢气与一氧化碳的体积比例对于烃类产物的生成具有重要影响,较高的 $H_2/CO$ 比有利于生成饱和烃和轻质产物,且控制合成气的含硫量对于避免因不当使用催化剂而中毒至关重要。因此,为了保持催化剂的活性并延长其使用寿命,必须严格控制反应条件,确保催化剂在最佳状态下运行。

(二)煤制二甲醚

二甲醚是一种重要化工产品。目前生产二甲醚的工艺路线有很多,应用的主要是甲醇气相催化脱水工艺和合成气直接合成二甲醚工艺。

### 1. 甲醇气相催化脱水工艺

甲醇气相催化脱水工艺是一种通过催化剂床层对甲醇蒸气进行脱水反应，进而生成二甲醚的技术。这一工艺以较高的转化效率和选择性而著称，通过优化反应条件，可以显著提升产物的质量与产率。在这一过程中，催化剂的选择至关重要。目前，常见的催化剂类型包括活性氧化铝、13X 分子筛、ZSM-5 分子筛等。这些催化剂不仅具备良好的选择性，还拥有卓越的稳定性，能够在较高的反应温度和压力下维持催化活性。通常情况下，反应温度会被控制在 290 ℃~310°C 的范围内，而反应压力则维持在 0.4~0.6 MPa 的范围内。在这样的条件下，甲醇的转化率可以达到75%，而二甲醚的选择性则为60%。此外，二甲醚的纯度能够达到 99.5%，这使它在市场上具有很高的价值。

在甲醇气相催化脱水工艺中，除了优化反应条件，对催化剂的再生和循环使用也是提高经济效益的关键。催化剂在使用过程中可能会因积碳、中毒或其他原因而失活，因此，定期的再生处理对于保持其活性至关重要。再生过程通常涉及高温氧化或还原处理，以去除催化剂表面的积碳和其他污染物。此外，催化剂的循环使用可以减少生产成本，提高资源利用率。在工业生产中，通过优化催化剂的粒径和形状，可以进一步提高其在反应器中的流动性和反应效率，从而实现更高效的生产过程。

### 2. 合成气直接合成二甲醚工艺

合成气直接合成二甲醚是一种重要的化学合成工艺，其主要工艺类型包括气、固两相法（气相法）和气、液、固三相法（液相法或三相法）。其中，气相法通过将合成气引入装有复合催化剂的固定床反应器，在一次反应过程中实现甲醇合成与脱水转化成二甲醚。复合催化剂在此工艺中起到了双重作用，它既能够催化合成气转化为甲醇，又能催化甲醇脱水生成二甲醚。这一工艺的显著优势在于，生成的甲醇无须单独分离和提纯，即可直接用于脱水反应，以生成二甲醚。

气相法通常采用管壳式反应器。反应器内装有复合催化剂，管间通过水冷却移走反应热，同时副产蒸汽。这一热管理系统不仅有助于维持反应温度的稳定，还能提高能源的利用效率。反应后的气体经冷却、冷凝处理，所产生的液体送往精馏分离，未凝结的气体则通过吸收液进行洗涤。尾气最终回流至合成系统，而精馏废气可作为燃料回收利用，废液则进入处理工序。气相法的主要优点在于流程简短、设备简洁，能显著减少投资和能耗，降低生产成本，并且具有较高的单程转化率。因此，在二甲醚的工业生产中，气相法凭借较低的运营成本和高效的资源利用，在市场上具有较强的竞争力。

（三）煤制甲醇及其转化技术

煤制甲醇及其转化技术将煤转化为合成气，再通过合成气转化为甲醇。该技术不仅能够有效利用丰富的煤资源，缓解传统石油资源紧张的问题，还能在能源结构调整中发挥重要作用。煤气化反应是煤制甲醇的核心环节，其通过煤的气化生成一氧化碳和氢气等合成气成分，为甲醇合成反应提供必要的原料。

煤制甲醇的反应过程通常采用高活性催化剂，如铜系催化剂。这些催化剂在较低的温度（230℃~280℃）下表现出较好的反应活性，有助于提高甲醇的合成效率。与传统的石油基甲醇生产工艺相比，煤制甲醇工艺具有更为复杂的前期气化过程和合成气净化步骤，这是为了确保合成气中杂质的去除，从而保证催化剂的长时间稳定性和反应的高效性。

由于煤制甲醇涉及多步骤的转化反应，因此反应器的选择和热管理技术也是影响其生产效率的重要因素。高效的反应器设计和有效的热能回收系统能够大幅提升能源利用率，降低生产成本。通过不断优化煤制甲醇工艺，提高转化率和催化剂寿命，该技术将具备更强的工业应用潜力，并在推动煤炭清洁高效利用方面发挥重要作用。

## 本章小结

煤炭热解技术涉及将煤炭在缺氧或惰性气体环境下加热至特定温度，从而引发热分解反应。这一过程能够将煤炭转化为具有更高附加值的产品，如焦油、煤气和半焦，从而实现煤炭资源的高效率、多级利用。近年来，随着环保法规的日益严格和清洁能源需求的不断上升，煤炭热解技术经历了不断地创新与突破，涌现出了气体热载体热解和固体热载体热解等多种技术。此外，催化剂的应用和工艺流程的优化也显著提升了该技术的经济效益和环保性能。

在中国，煤炭热解技术取得了显著的成就，已经构建起一条完整的产业链，涵盖煤炭的开采、热解处理和产品深加工。煤热解作为一种清洁、高效的能源转换方式，正符合社会发展的趋势。展望未来，随着技术的持续进步，煤炭热解产品将实现种类更多、品质更高，以满足更广泛的市场需求。同时，政府将继续推出更多政策，支持煤炭的清洁高效利用，并推动煤炭热解技术的研究、开发与应用。

煤炭气化技术是指将固态煤炭转化为气体燃料的过程。在气化炉内，煤炭在高温条件下与气化剂（如水蒸气、纯氧、空气、$CO_2$ 和 $H_2$）发生反应，生成合成气，其主要成分包括 $CO$、$H_2$、$CO_2$、$CH_4$、$N_2$ 和 $H_2O$ 等。现代煤气化技术以其高气化压力、强气化能力、高温气化及高碳转化率和煤气质量等优势而著称。

中国是全球煤气化技术的工业应用示范国，拥有超过 9000 台不同类型的煤气炉，其中化工行业的煤气化炉数量超过 4000 台。现代煤化工普遍采用大型高温加压煤气化技术，实现了气化装置的大型化和能量的高效回收利用。随着技术的不断进步和市场的持续拓展，煤气化技术将在更多领域得到应用，如合成氨、甲醇、二甲醚等化工产品的生产。

煤制氢技术是一种以煤炭作为原料，通过化学反应将其转化为氢气的过程。这一过程通常包括煤气化和气体净化等步骤。在煤气化过程中，煤炭在高温和高压条件下与水蒸气或氧气反应，产生合成气。随后，经过气体净化等处理步骤，去除合成气中的杂质和有害物质，最终提取出纯净的氢气。煤制氢技术因成本低廉和原料的广泛可用性，成为氢能发展的一个重要方向。

中国是全球领先的制氢大国，其中煤制氢技术在制氢产业中占据着至关重要的地位。经过多年的创新与进步，煤制氢技术已经进入了成熟的阶段。特别是在煤气化制氢工艺方面，通过不断优化煤气化流程和创新催化剂技术，不仅大幅提升了制氢效率，还有效降低了整体生产成本。目前，煤制氢技术已广泛应用于化工、冶金、交通等多个领域，并随着氢能产业的蓬勃发展，迎来了更为广阔的市场前景。

煤炭直接液化是一种将固态煤炭通过化学加工转化为液体燃料的技术。该技术在高温、高压的条件下，借助催化剂和溶剂的作用，使煤分子裂解加氢，直接转化为液体燃料，进而加工精制成汽油、柴油等燃料油。煤炭直接液化技术具有液化油收率高、煤消耗量小等优势，对推进能源结构转型具有需要意义。

在中国，煤炭直接液化技术取得了显著的进展，已经实现了处理煤100 t/d级以上大型中间试验的新工艺技术，具备了建设大规模液化厂的技术条件。然而，由于煤炭直接液化技术工艺复杂、投资巨大、风险较高，目前仍处于试验阶段，尚未实现工业化生产。展望未来，随着技术的持续进步和市场的不断拓展，煤炭直接液化技术有望在中国等煤炭资源丰富的国家实现工业化生产。

煤炭间接液化是一种先将煤炭气化制成合成气，再通过催化剂转化为液体燃料和化学品的技术。煤炭间接液化技术具有煤种适应性广、操作条件相对宽松温和等优点。通过费托合成等过程，合成气可以转化为液态烃类燃料和化学品，如汽油、柴油、航空煤油、润滑油以及石脑油等。

在中国，煤炭间接液化技术已经实现了规模化生产。例如，中国已经建成并投入运行了多个煤炭间接液化项目，其中包括全球单体规模最大的400万吨/年煤间接液化项目。这些项目的建设和运营，证明中国在煤炭间接液化领域已经具备了强大的技术实力和产业化能力。展望未来，随着技术的不断进步和市场的不断拓展，煤炭间接液化技术将在更多领域得到应用，如交通运输、化工原料、能源供应等。

# 第四章　煤炭清洁燃烧技术探究

作为一种传统能源，煤炭燃烧所带来的污染问题已引起社会广泛关注。在此背景下，煤炭的清洁燃烧技术在减少污染排放、提高能源利用效率和推动可持续发展方面具有重要意义。本章探讨煤炭清洁燃烧技术的发展意义、民用燃煤领域与工业锅炉清洁燃烧技术的发展与转化。

## 第一节　煤炭清洁燃烧技术的发展意义

煤炭清洁燃烧技术的发展意义深远，它不仅关乎环境保护、能源利用效率提升，还直接影响到国家的能源安全、经济发展及全球气候变化应对等多个层面。

### 一、实现环境保护与减排

在传统的燃煤方式中，尤其是那些高污染的直接燃烧过程，往往会释放出大量的二氧化硫、氮氧化物、颗粒物等有害气体和固体颗粒。这些污染物不仅对大气环境造成了严重的污染，而且对人类的呼吸系统以及整体健康构成了直接的威胁。随着环境污染问题变得越来越严重，采取有效的技术手段来减少这些污染物的排放，已经成为我们未来的明确行动指向。

为了应对这一挑战，煤炭清洁燃烧技术应运而生，其中包括循环流化床燃烧技术、燃煤锅炉烟气超低排放技术等多种先进技术。这些技术通过优化燃烧过程、改进燃烧设备和强化烟气净化处理，有效地控制和减少了上述污染物的排放。例如，循环流化床燃烧技术通过实现燃烧过程的高度稳定性和高效气固混合，不仅降低了氮氧化物和颗粒物的排放，还提高了煤炭的燃烧效率；燃煤锅炉烟气超低排放技术则通过烟气脱硫、脱硝和除尘等多重手段，进一步实现了对污染物的深度治理。这些技术的广泛应用，不仅有效改善了空气质量，而且显著减少了大气污染对生态环境和公众健康的负面影响，为全球应对气候变化、改善环境质量提供了强有力的技术支撑。

在推动煤炭清洁燃烧技术发展的同时，政策制定者和环保组织也在积极寻求其他解决方案，以进一步降低燃煤对环境的影响，例如，推广使用清洁能源，如风能、太阳能和水能等。这些可再生能源不仅能够减少对煤炭的依赖，还能显著降低温室气体排放。此外，政府还通过立法和经济激励措施，鼓励企业采用更环保的生产方式和技术。

同时，公众环保意识的提升也在推动着清洁能源的使用和环保技术的发展。越来越多的消费者开始关注产品的环保属性，选择那些对环境影响较小的产品和服务。这种市场趋势促使企业不得不调整业务战略，以满足消费者的需求。在这样的背景下，煤炭行业也必须进行自我革新，以适应新的市场和政策环境。

## 二、提高能源利用效率

煤炭清洁燃烧技术的一个重要意义在于显著提高了煤炭的能源利用效率。传统的燃煤方式往往由于燃烧过程不充分、热损失较大，导致能源利用效率低下，这不仅浪费大量资源，还可能加剧污染物的生成。清洁燃烧技术通过燃烧设备的技术革新、燃烧条件的优化及燃烧稳定性的提升，能够确保煤炭在燃烧过程中更加充分、均匀地释放热能。这些改进措施有效减少了燃料浪费，提高了热能转换效率，进而提升了煤炭用于发电或供热过程的整体效能。例如，通过采用现代化的燃烧器设计、精确的燃烧温度控制系统及优化的燃烧空气配比等技术，煤炭可以在更高温度下达到更完全的燃烧，减少未完全燃烧造成的碳排放，并使热能的利用更加高效。同时，清洁燃烧技术还通过优化煤种选择、改进煤粉制备技术等手段，进一步减少了燃煤过程中煤炭的消耗量，降低了对自然资源的依赖水平，为煤炭能源的可持续利用奠定基础。

### 三、保障国家能源安全

煤炭作为我国能源结构的重要组成部分，长期以来在满足国内能源需求、保障能源供应方面发挥着不可替代的作用。然而，随着国际能源格局的不断变化和国内环保压力的增大，如何在保障能源供应的同时实现环保目标，成为我国能源政策中的关键课题。煤炭清洁燃烧技术的创新和应用，恰恰为煤炭资源的高效、环保利用提供了解决方案。提高煤炭清洁燃烧技术的应用水平，不仅能够有效提升煤炭的能源利用效率，降低污染排放，还能增强煤炭在能源市场中的竞争力，进一步稳固其作为主要能源的地位。这对于确保国家能源安全，减少对外部能源进口的依赖具有重要的战略意义。与此同时，清洁燃烧技术的推广还能减少由燃煤过程中的环境污染引发的能源供应风险，保障能源供应的长期稳定性。例如，在煤炭资源的开采、运输和使用过程中，环保性能的提升有助于降低因环境污染造成的政策风险和公众舆论压力，进一步促进煤炭行业的可持续发展。不断提高煤炭的清洁利用水平，不仅能够让我国减少对传统化石能源的依赖，还能使我们在全球能源转型过程中占据有利位置，为实现能源结构的优化和生态环境的保护提供可靠保障。

### 四、推动能源转型与可持续发展

煤炭作为全球主要的化石能源之一，长期以来在全球能源供给中占据着重要地位。然而，随着全球气候变化的加剧和能源结构调整的迫切需求，煤炭清洁利用技术的研究与发展显得尤为重要。煤炭清洁燃烧技术，不仅在减少煤炭燃烧过程中的污染物排放方面起到关键作用，而且对于全球能源转型、降低碳足迹及实现可持续发展具有深远的意义。

在当前全球气候变化的背景下，减少温室气体排放已经成为各国共同面临的重大挑战。煤炭清洁燃烧技术，作为实现能源过渡的关键技术之一，能够有效减少二氧化碳、氮氧化物、硫氧化物等污染物的排放，从而在短期内缓解能源结构转型所带来的环境压力。更为重要的是，这些技术能够为全球能源结构的逐步优化和转型赢得时间，避免因过快的能源切换而引发能源供应不足或价格波动等负面影响。因此，煤炭清洁燃烧技术不仅是传统能源与绿色能源之间的重要桥梁，还是实现能源安全与环保可持续双重目标的有效途径。

煤炭清洁燃烧技术的创新和推广，除了为煤炭的清洁利用提供一条可行的路径，也为其他化石能源（如石油、天然气）的清洁利用积累了宝贵的技术经验和操作规范。这对于推动全球能源行业绿色转型和化石能源清洁利用的全球应用具有广泛的示范效应。可以预见，随着相关技术的不断发展和完善，煤炭的清洁利用不仅能够减少环境污染，还将推动全球能源的多元化、低碳化发展，最终促进全球气候治理目标的实现。

## 五、促进技术创新与产业升级

煤炭清洁燃烧技术的发展，极大地促进了能源行业的技术革新与产业升级。为了满足日益严苛的环境保护标准及提高能源使用效率，煤炭清洁燃烧技术在设计理念、设备创新和系统集成等方面不断进行技术突破。例如，超低排放燃烧技术、烟气脱硫脱硝技术及废热回收技术等的应用极大提升了燃烧过程的能效与环保水平。这些创新不仅推动了煤炭行业的绿色转型，还催生了大量与之相关的新兴技术和产业链条，进一步推动了产业结构的升级。

在技术创新方面，煤炭清洁燃烧技术的研发需求推动了先进燃烧技术、污染物治理技术及监测技术的快速发展。与此同时，相关技术也为其他能源领域提供了借鉴和经验，促进了整个能源行业的技术进步。在产业层面，煤炭清洁燃烧技术的普及，不仅推动了环保设备制造业的快速发展，还催生了新能源技术研发、能源管理服务等新兴行业。这些行业产业的兴起不仅提升了传统煤炭产业的技术水平和附加值，还创造了新的就业机会，推动了经济增长，促进了区域经济的均衡发展和产业升级。

## 六、提高经济效益与社会效益

从经济效益角度来看，煤炭清洁燃烧技术的应用虽然在初期会涉及较高的技术研发与设备投入，但从长期来看，其带来的效益是显著的。通过提高煤炭的利用效率，减少污染物的排放，煤炭清洁燃烧技术有助于企业降低能源消耗、提高生产效率，从而减少能源采购成本，并在节省环保费用的同时改善企业的财务状况。此外，随着技术的不断成熟与规模化应用，设备成本将会逐步降低，而这也为中小型企业的应用提供了经济可行性。

从社会效益的角度来看，煤炭清洁燃烧技术不仅可以有效改善空气质量、减少环境污染，还能提升公众对环境保护的认知和参与度。普及清洁能源技术和提高社会各界对环保理念的关注，能够促进全社会形成绿色发展的氛围。特别是在煤炭资源密集地区，煤炭清洁燃烧技术的推广和应用，有助于减少因煤炭使用不当造成的健康危害，以改善居民的生活质量。同时，这些技术的进步对于推动社会整体绿色发展目标、社会可持续发展目标的实现具有积极作用。通过实现经济效益与社会效益的双重提升，煤炭清洁燃烧技术为我国乃至全球的绿色经济转型提供了强有力的支撑。

## 第二节 民用燃煤领域清洁燃烧技术的发展与转化

在民用燃煤领域，解耦燃烧、分级燃烧、分级热解气化等技术得到广泛应用。这些技术本质上是相似的，因此，本节将以解耦燃烧技术为例，探讨民用燃煤领域清洁燃烧技术的发展与转化。

解耦燃烧技术主要采用清洁型煤作为燃料，基于"煤炉匹配"的设计理念，应用于民用采暖炉具的设计中。在传统燃煤过程中，污染物排放与燃烧效率之间存在耦合关系，即氧气量和温度的变化会同时影响污染物排放和燃烧效率。为了解决这一问题，解耦燃烧技术应运而生，并开发出一系列解耦燃烧炉。将解耦燃烧技术应用于家用燃煤炉，可以有效解决传统燃煤中烟黑、CO、NOx 和 $SO_2$ 等污染物的耦合排放问题，不仅能显著降低农村和城郊地区散煤燃烧所带来的污染物排放，还能大大提升当地居民的生活质量。

解耦家用燃煤炉将煤燃烧分为两个过程：低温还原气氛下的低氮燃烧（低温热解气化区）和高温氧化条件下的可燃物燃尽（高温燃烧区）。

煤先进入热解气化室，在贫氧条件下干馏热解，析出挥发分变成半焦，半焦在底部富氧燃烧生成焦炭，从而提供热量完成热解气化室煤的气化热解过程。煤在还原气氛下热解时，一部分燃料氮以 $N_2$、$NH_3$、HCN 形式释放出来，同时生成 CO、$H_2$、$CH_4$ 等还原性气体，另一部分燃料氮以半焦 N 的形式留存在半焦中，半焦则在重力作用下移动至半焦层燃烧并最终到高温燃烧区燃尽。

在半焦层，还原性气体和半焦 C 形成还原性环境，有利于抑制半焦 N 燃烧过程中 NOx 的生成，热解气化室产生的 $NH_3$、HCN、CO、$CH_4$ 等还原性气体在抽力作用下通过半焦层，在半焦 C 的催化作用下使 NOx 还原，生成无害的 $N_2$、$CO_2$ 和 $H_2O$，从而有效降低 NO 的排放。在这一过程的后期，借助高温半焦的吸附功能及扰混作用和充足的供风，以预混燃烧的方式使 CO 和烟黑燃尽，从而完成解耦燃烧，实现同时降低 NOx、CO 和烟黑排放的目的。解耦燃烧炉具的燃烧效率、污染物控制水平均高于正烧炉具和反烧炉具。

由解耦燃烧机理可知，燃煤中热解气在经过半焦层之前燃尽量越大，其 NO 排放越低，若热解气穿过半焦层后再燃烧，则失去了半焦层还原热解气 NO 的能力。由此，可研制出新型解耦燃烧器，增大半焦层厚度，并实现自动点火、给料及控温功能。该新型燃烧器基于解耦燃烧原理，通过配风及燃料分级控制，形成"燃料干馏热解→NOx 半焦还原→CO 扰流燃烧→半焦燃尽成灰"的技术路线，可实现清洁型煤、烟煤、兰炭、无烟煤、生物质等不同燃料的无烟稳定燃烧，安全系数高、降氮效果好、CO 浓度低、底渣燃尽充分。配套自动化炉具后，可有效解决传统民用供热炉具燃料适应性差、NOx 控制难、消烟稳定性差等应用问题。同时，该燃烧器还可以自动排渣清焦。

基于新型解耦燃烧器，结合自主开发的防返火给料技术、家用智慧控制技术配套形成新型多燃料家用智能炉具，燃用煤基燃料时 NOx、$SO_2$、CO 的排放状况将变得良好。

## 第三节　工业锅炉清洁燃烧技术的发展与转化

### 一、循环流化床燃烧技术

循环流化床燃烧技术是目前成熟、经济且广泛应用的一种清洁燃烧方式，基于这一技术发展起来的循环流化床锅炉也在全球范围内得到快速推广。

循环流化床技术目前主要用于洁净火力发电、热电联产、劣质燃料利用及集中供热等领域，是被国内广泛接受和应用，并能改变我国能源工业因燃煤造成的低效率高污染状态的一种新技术，现已显现出重要的经济效益、社会效益和环保效益。

大型电厂普遍采用的煤粉燃烧锅炉是沿着"低压—高压—再热—亚临界—超临界"这条路线发展起来的。由于循环流化床锅炉属于低温燃烧，炉膛中的热流比传统炉膛低很多，使超临界直流循环流化床锅炉可以在相对低的质量流速和相对高的工质温度条件下工作。在循环流化床锅炉中，炉膛是唯一的蒸发器，没有水平管簇，炉膛的固有特点决定了它在超临界运行中的显著优势。

超临界蒸汽循环可以提高热效率、减少排放以及泵的电耗。循环流化床技术具有燃料的灵活性、较低的排放、较高的可靠性和成熟的设计特性等优点。超临界循环流化床锅炉结合了两者的优势，因此，其研发成为国际上的研究热点问题之一。

国际上多家循环流化床厂家均开展了超临界循环流化床的研究。循环流化床及超临界均是成熟技术，两者的结合相对来说技术风险不大，而且结合后的生产技术综合了循环流化床低成本污染控制及高供电效率两大优势，因而商业前途十分光明。就燃料价格、材料成本、制造水平来说，超临界循环流化床在国外具有巨大的商业潜力，可谓一个异军突起的新方案。超临界循环流化床由于燃烧室内热负荷低，有可能以相对简单的本生炉垂直管方案构成燃烧室受热面；而且，低质量流率带来的低阻力降可能使其在低负荷亚临界区具有自然循环的性质。

## 二、煤的分离燃烧技术

煤不仅是燃料，还是重要的化工原料。煤中含有上百种化工成分，其中较为常见的有苯、酚、萘、蒽和轻油等。因此，在煤的燃烧过程中，不仅应脱除硫、氮等引起污染的成分，还要提取煤中有用的化工成分，以实现能源的清洁利用。

煤分离燃烧技术的核心优势在于其能够高效地将煤炭中的能量转化为热能，并同时大幅度减少燃烧过程中的有害排放物，从而有效减轻煤炭燃烧对环境造成的污染。这不仅有助于提高能源利用效率，还能促进环境保护。显然，这符合当今社会对于清洁能源和可持续发展的需求。

煤分离燃烧技术的推广与应用，为煤炭的综合利用提供了新的途径。对煤炭进行热解、气化等处理，不仅可以有效降低煤炭直接燃烧时的污染物排放，还能在煤气净化过程中回收有价值的化工产品，进而实现煤炭资源的多元化开发与利用。与此同时，这一技术应用在工业锅炉中可实现更为高效、环保的燃烧方式，大幅提升能源使用效率，减少传统煤燃烧带来的空气污染问题。以煤分离燃烧技术为基础的现代化能源利用方式，标志着煤炭行业的发展从传统的高污染、高排放模式向低碳、绿色环保方向转型。

随着分离燃烧技术的不断发展和技术水平的提高，未来其应用领域有望得到进一步扩展。煤分离燃烧技术有望成为清洁高效的锅炉燃煤技术的主流选择，广泛应用于电力、钢铁、化工等行业，并为推动煤炭行业的绿色转型、促进低碳经济发展做出积极贡献。

## 三、清洁煤粉燃烧技术

煤炭的燃烧过程始于加热干燥阶段，随后挥发性成分开始分解并释放出来。若炉内温度足够高且存在氧气，挥发性成分会被点燃并产生明亮的火焰。此时，氧气被用于挥发性成分的燃烧，无法抵达煤焦表面，因此煤焦保持暗色，温度也不高。然而，随着挥发性成分的逐渐燃尽，火焰逐渐变短，煤焦温度逐渐升高。当挥发性成分基本燃尽后，焦炭开始燃烧，直至完全燃尽。因此，煤炭的点燃通常始于挥发性成分，而挥发性成分的燃烧有助于后续焦炭的燃烧。

清洁煤粉的燃烧是一个复杂的、受物理化学因素影响的多相燃烧过程。在此过程中，燃烧化学反应与质量、热量的传递以及动量和能量的交换同时发生。通常，煤中的可燃物质主要是焦炭，其燃烧时间最长，因此焦炭燃烧的速率是整个燃烧过程的关键。当煤受热时，表面水分或孔隙中的水分首先蒸发，形成干燥的煤，接着挥发性成分逐渐释放。在外界温度较高且氧气充足的情况下，释放出的气态烃会燃烧，最终是碳的点燃和燃烧。因此，煤炭燃烧可分为三个阶段：①加热过程中水分和挥发性成分的热解过程；②挥发性成分的点燃和燃烧；③固定碳或半焦的点燃和燃烧。

基于上述清洁煤粉的燃烧过程，清洁煤粉燃烧技术的优化可从以下几个方面进行。

首先，提高煤颗粒与高温烟气之间的对流换热效率。煤颗粒从加热至着火的进程，相较于辐射加热，通过高温烟气回流加热更为迅速。煤粉粒度越细，加热时间相应缩短，从而加快了着火和燃烧的速度，有助于实现高效燃烧和火焰稳定性。具体技术包括：三角形钝体促成的高温烟气回流；稳定船型设计产生的烟气回流，形成束腰形气固两相流结构；利用速度差的同向射流产生回流，加强煤颗粒与烟气的混合；不对称射流产生回流，以强化对流热交换；以及利用叶片旋流形成中心回流区，促进煤粉着火等。

其次，提升煤粉的高浓度集聚效果。通过适当浓缩煤粉气流，在高浓度集聚区域，煤粉的着火温度可降低至 250 ℃~300 ℃（烟煤）或 400 ℃~450 ℃（无烟煤），从而将着火时间缩短一半，火焰温度提升 300 ℃~350 ℃，着火距离缩短 100~400 mm，火焰传播速度加快，煤粉气流的着火热减少 55%，同时氧化氮排放量显著下降。这将导致煤粉更快着火和火焰稳定，从而实现高效燃烧。具体技术包括：弯管离心流实现煤粉浓缩；旋风分离技术；叶片惯性流技术；以及对称体撞击技术等。

再次，强化燃烧过程的初始阶段。煤粉高效燃烧和火焰稳定的关键在于燃烧的初始阶段。实现技术包括：在有限空间内快速加热煤粉甚至促使其着火；强化火焰根部的热量和质量交换；以及增强气固两相流的扰动等。实际上，许多新型煤粉燃烧器不仅具有独特的优点，而且有机结合了多种原理，具备多种功能。例如，钝体或船体燃烧器、大速差射流燃烧器以及各种浓淡燃烧器，都在有限的小空间内加强了火焰根部的扰动和对流换热，在回流边界附近形成高浓度煤粉集聚过程，构建有利于燃烧的小环境，因此能够适应不同煤种、低负荷下稳燃的需求，并具备多种功能。

最后，煤粉高效燃烧的其他新技术。当前煤粉燃烧面临的主要挑战是效率低下和污染严重。因此，近年来开发了多种洁净燃烧新技术，包括高预热空气燃烧、脉动燃烧、催化燃烧、低 $NO_2$ 燃烧技术、$CO_2$ 再循环燃烧技术，以及煤与稻草、木材加工废料等生物质混烧技术等。

## 本章小结

煤炭清洁燃烧技术的发展，有利于减少燃煤过程中产生的污染物排放，提升能源利用效率，以保护环境并实现可持续发展。在民用燃煤领域，解耦燃烧、分级燃烧和分级热解气化等技术通过优化燃烧过程，成功实现了减少二氧化硫和氮氧化物等污染物排放的目标。这些技术不仅提升了燃煤效率，还减轻了对环境的负面影响。在工业锅炉领域，循环流化床燃烧技术、煤的分离燃烧技术和清洁煤粉燃烧技术等得到了广泛的应用。循环流化床燃烧技术通过床料的循环流动和高温燃烧，实现了高效的脱硫和脱硝，同时提高了锅炉的热效率。煤的分离燃烧技术通过将煤与空气进行预分离，减少了燃烧过程中的氮氧化物生成。清洁煤粉燃烧技术则通过精细的煤粉制备和高效的燃烧设备，实现了燃煤的高效利用和污染物的低排放。

展望未来，在追求能源高效利用与环境保护的双重目标下，煤炭清洁燃烧技术正经历着一场深刻的技术革新与升级浪潮，这一进程不仅关乎技术本身的突破，还涉及能源结构转型、环境政策引导及全球经济一体化的进展。

一方面，随着传感技术、自动化控制技术和人工智能的飞速发展，煤炭燃烧过程正逐步实现精细化管理。通过高精度传感器实时监测燃烧状态，结合先进的算法模型，操作人员可以实现对燃烧参数的精准调控，如氧量、温度、风速等，从而优化燃烧过程，减少污染物生成，提高燃烧效率。

另一方面，新型燃烧器如低氮燃烧器、富氧燃烧器等，通过改变燃烧方式和燃烧介质，可以有效降低氮氧化物等污染物的排放。同时，炉膛设计的优化，如采用多级预热、分级送风等技术，可以提高燃烧效率和热利用率，减少能源消耗。

# 第五章　煤炭清洁材料与低浓度煤层气综合利用

在全球能源结构转型的大背景下，传统能源如煤炭的利用方式正面临深刻变革。随着环保意识的提升和清洁能源技术的发展，煤炭产业需要寻找新的增长点，以实现可持续发展。在此背景下，本章将重点探讨煤基炭质吸附材料与煤基电极材料技术的发展与应用、煤系共伴生资源综合利用技术的发展与转化、低浓度煤层气利用技术的发展与转化。

## 第一节　煤基炭质吸附材料与煤基电极材料技术的发展与应用

煤炭，作为一种宝贵的不可再生自然资源，传统上被直接用作能源进行燃烧，这一过程不仅导致其能源转化效率低下，还会引发严重的环境污染问题。鉴于此，将煤炭转化为洁净、高效且易于应用的能源及原料形式，已成为科研领域的一个重要研究方向。其中，煤炭的材料化利用尤为引人瞩目。

从化学结构层面剖析，煤炭的有机大分子架构复杂多变，由众多结构相似而又各具特色的结构单元构成。这些结构单元的核心在于缩合程度各异的芳香烃及其伴随的脂环与杂环结构；它们通过氧桥和亚甲基桥相互连接，并携带着诸如侧链烷基、羟基、羧基、甲氧基等多种官能团。这些大分子在三维空间中交织成网络状结构，同时，部分小分子则以氢键或范德华力的形式与之紧密结合。从高分子材料科学的视角审视，煤炭本质上是一种由多种大分子交联网络聚合物与无机矿物质自然共混而成的复杂体系，其独特的组成难以通过人工合成手段精确复制，而这赋予了煤炭在开发具有新颖性能的高分子材料方面巨大的潜在价值。

## 一、煤基炭质吸附材料制备技术及其应用

吸附与人们的生产、生活密切相关，两千多年前我国劳动人民就已采用木炭来吸湿和除臭；近几十年来，利用各种吸附材料的强吸附能力和良好选择性，将结构类似、物化性质接近的物质分开的吸附分离技术，在石油、化工、冶金、食品和医药等行业已得到广泛的应用，同时在保护环境、控制污染方面也发挥着越来越重要的作用。

常用的吸附材料（吸附剂）有活性白土、硅藻土、硅胶、活性氧化铝、天然或合成的沸石分子筛、脂类吸附剂、活性炭和炭分子筛等。其中活性炭和炭分子筛属于炭质吸附材料，可以由煤和植物等含碳物质制备。以煤为原料制备的炭质吸附材料称为煤基炭质吸附材料（或煤基炭质吸附剂）。与其他吸附剂（如沸石、硅胶、树脂等）相比，炭质吸附材料除具有高度发达的孔隙结构和巨大的内表面积外，还具有稳定的物理、化学性质和催化性能，可以在温度较高以及 pH 值范围很广的溶液和多种溶剂中使用。它广泛用于生活用水和废水的净化处理，油脂、食品、医药等领域的脱色、脱味，空气净化，溶剂回收，煤气及烟道气脱硫、脱氮等气相吸附领域。

煤是很重要的炭质吸附剂原料之一。全球煤基活性炭产量约 80 wt/a，占全球活性炭总量的三分之二。其中泥炭、褐煤、烟煤和无烟煤等原料，主要用于生产液相吸附炭；气相吸附活性炭的制备可以烟煤和无烟煤为原料，也可以泥炭和木材为原料。我国煤炭储量大、品种多，拥有丰富的生产炭质吸附剂的原料。目前，我国煤基活性炭总产量约 60 wt/a，随着环保力度的不断加大，我国煤基炭质吸附材料的生产和需求仍会高速增长。

## （一）炭质吸附材料的制备技术

炭质吸附材料能够通过对各种含碳材料（如木材、煤、泥炭及树脂等）进行炭化、活化处理而制成。根据原料和制造方法的不同，产品炭的性能会

有很大的差别。通常来说,活性炭的制备方法可以分为气体活化法和化学活化法两种。

### 1. 气体活化法

在活性炭的制备流程中,炭化与活化构成两个核心环节,二者共同对最终产品的性能起着决定性作用。炭化步骤旨在初步形成孔隙结构,此过程在惰性气体环境下进行;原料历经热解反应,释放挥发性组分,进而转化为炭化产物。在此阶段,原料中的大量非碳元素,特别是氢与氧,因高温作用而以气态逸出;留下碳原子重新组合,构建起基本的碳微晶架构。这些微晶的排列呈无序状态,其间自然形成若干空隙;伴随焦油物质的析出与热解,这些初步形成的空隙往往会被无定形碳所填充或闭塞,导致其炭化产物仅具备有限的吸附能力。

为了获得具有丰富孔隙结构与庞大内表面积的活性炭,需对上述炭化产物实施进一步的活化处理。活化处理通常采用水蒸气或 $CO_2$ 等氧化性气体,在 700 ℃ ~ 1000 ℃ 的高温条件下进行。活化过程中,氧化性气体与碳材料发生气化反应,其首要任务是清除孔隙中的焦油分解残余与无定形碳(此过程烧失率通常低于 10%),从而打开闭塞孔隙并诱发新孔隙的形成。随着无定形碳的移除与炭表面的清理,微晶结构的边缘与表面得以暴露;这些区域中的价键不饱和的位点或杂原子存在的活跃点将与氧化性气体继续反应。这一活化反应呈现出空间与速率上的异质性,导致微晶结构不断且不均匀地烧失,从而促进新孔隙的持续生成与原有孔隙的扩展,最终构建出一个涵盖大孔、中孔及微孔的复杂孔隙体系。此氧化性气体活化的技术手段,被广泛称作气体活化法,它在活性炭的生产中占据举足轻重的地位。

### 2. 化学活化法

化学活化法也称为药品活化法,是指在原料中添加限制形成焦油的物质(如氯化锌、磷酸等)以后,再将含碳原料进行炭化的方法。

煤的化学活化主要指采用强碱及其盐作为化学药剂,以进行炭化和(或)活化的方法。例如,将褐煤和 KOH 溶液混捏,然后挤条、干燥和活化,在 KOH 和干燥煤的质量比为 0.4 时,可得到碘值为 1265 mg/g 的活性炭;用煤焦油制备的中孔炭微珠与 KOH 以 5:1 混合,然后在 900 ℃ 下炭化 30 分钟就可得到比表面积为 3080 wt/a 的活性炭。又如以烟煤为原料,采用 $ZnCl_2$、

$H_3PO_4$ 和 KOH 三种化学药剂制备活性炭。这三种药剂都能抑制炭化过程中焦油类物质的析出。由于炭的氧化和气化机理不同，采用 KOH 比采用 $ZnCl_2$、$H_3PO_4$ 活化法制得活性炭的产率低。在每一种活化法的活化过程中，活性炭的孔隙随炭化温度的提高而达到最大值，然后随炭化温度的继续升高而降低。用 $ZnCl_2$、$H_3PO_4$、KOH 活化所得的活性炭最大比表面积分别为 960 $m^2/g$、770 $m^2/g$ 和 3300 $m^2/g$。值得一提的是，$ZnCl_2$、$H_3PO_4$ 是酸性物质，不适合浸渍烟煤制备高孔隙活性炭，而用碱（如 KOH）可制备具有高孔隙率的活性炭。

**3. 炭分子筛的制备**

炭分子筛的制备可以通过在惰性气体中，将原料在适当的条件下进行热分解、炭化而实现；也可以通过对炭化料进行轻度活化处理，并促使炭化产物所具有的一次性孔隙进一步生成与扩大而实现。其原理与制备活性炭的原理相同，只是控制条件不同。虽然如此，炭分子筛的制备方法还包括一个非常重要的步骤，那就是孔隙的调制。

进行孔隙调制的前驱物可以是炭化料，也可以是活化料。孔隙调制的方法可分为热收缩法、沉积法等。热收缩法即在惰性气体中把活性炭以 1200 ℃ ~ 1800 ℃ 的高温进行热处理，使其孔隙缩小。这种方法的缺点是导致比孔容积减小，需要高温，能耗大且设备要求高。沉积法又可分为液相碳沉积法和气相碳沉积法。液相碳沉积法又叫涂层法、被覆法，是将炭化物或活化产物在浸渍或者吸附了各种树脂及沥青等有机物质以后进行热处理，使热分解过程中生成的碳析出并覆盖在孔壁上以缩小其孔径的处理方法。气相碳沉积法是将炭化物或活化产物在碳氢化合物蒸气与惰性气体的氛围中进行热处理时，把碳氢化合物热分解所形成的碳元素沉积到孔壁上的方法。

**（二）煤基炭质吸附材料的应用**

炭质吸附材料作为一种广为人知的吸附剂，其应用历史源远流长，可追溯至公元前 1550 年古埃及时期，彼时木炭已被用作药用材料。进入 13 世纪，炭材料在糖溶液的净化过程中发挥了重要作用。然而，对炭质吸附剂吸附性能的深入认识及积极应用是 1773 年之后的事情。

随着木炭应用领域的不断拓展，人们开始积极探索性能更优的炭质吸附材料。1909 年，欧洲率先实现了粉状活性炭的工业化生产，这一突破极大地推动了炭质吸附材料在食品工业和化学工业液相精制领域的应用。随后，炭质吸附材料又被应用于去除饮用水中的异味，这进一步拓宽了其应用范围。在气相吸附方面，活性炭因其在防毒面具中有效吸附和分解有毒气体的能力而备受瞩目。

19 世纪 70 年代初期，随着国外环境保护意识的增强及环境保护法规的颁布，炭质吸附材料在空气净化领域的传统工业应用得到了更多重视，与水污染控制并驾齐驱。时至今日，炭质吸附材料已在溶剂回收、空气净化、空气分离、气体储存、烟气脱硫脱硝、二噁英类化合物去除及半导体制造过程中的有害气体吸附等多个气相吸附净化领域展现出广泛的应用前景，其重要性不言而喻。

### 1. 活性炭在食品工业中的应用

活性炭在食品工业中的应用历史比较悠久，最初，它被广泛用于蔗糖的精制和脱色过程。随着时间的推移，活性炭的应用范围逐渐扩大，开始用于淀粉糖工业、酿造业、食用油工业及食品添加剂等多个食品工业部门。在食品工业中，活性炭通常被用于直接精制含有产品或产品前一阶段成分的液体。例如，在酸剂工业中，活性炭主要被用于在马来酸转化为富马酸之前进行脱色处理，以及在己二酸结晶之前进行脱色处理。

除了在酸剂工业中的应用，活性炭在其他食品加工过程中也扮演着重要角色。在果汁和葡萄酒的生产中，活性炭被用来去除杂质和不良风味，从而提高产品的口感和色泽。此外，在乳制品工业中，活性炭能够吸附牛奶中的残留抗生素，确保最终产品的安全性。在饮料行业，活性炭同样被用于去除饮料中的有机杂质，以保证饮料的清澈透明。在一些特殊食品如蜂蜜的精制过程中，活性炭也发挥着不可或缺的作用，主要是帮助去除可能存在的天然毒素和不纯物质。

在现代食品工业中，活性炭的使用不仅仅局限于传统的脱色和精制过程。随着科技的进步，活性炭的种类不断增多、性能不断提升，从而能够满足更为精细和特定的工业需求。例如，特定孔径分布的活性炭可以更有效地去除水中的微量污染物，这对于生产高品质的瓶装水和饮料至关重要。此外，活性炭在食品包装领域也有所应用，它可以吸收包装内的氧气和异味，延长食品的保质期。在一些特殊情况下，如处理放射性污染的食品，活性炭同样可以作为一种有效的吸附剂来减少放射性物质的含量。总而言之，活性炭在食品工业中的应用是多方面的，它不仅提高了食品的质量和安全性，还为食品工业的可持续发展做出了贡献。

**2. 活性炭在医药、医学及农业领域的应用**

近年来，随着医药工业的发展，以及人们对活性炭认识的增加和活性炭制备技术的进步，医疗工作者可以通过活性炭吸附细菌毒素处理消化系统的疾病，还可以在透析设备上为那些肾功能失效和中毒的患者净化血液。在抗生素类药品、磺胺类药品、生物碱及激素的生产中，活性炭脱色可以用来提高药品的纯度，改善药品的稳定性，减少和消除副作用。如用氯化钠处理粗磺胺喹噁啉（二者之比为 $1:0.26$），然后活化，用活性炭粉脱色，最后加热至沸腾，分离出纯磺胺喹噁啉，可得到高收率的医药级磺胺喹噁啉。

在农业上，活性炭可以用来吸附一定量的乙烯，吸附土壤中的毒素和有害物质，控制土壤水分，消除某些农药对农作物的毒害。相关文献报道，活性炭可用于农业育苗过程中使用的组织培养基，育苗涉及的作物种类有胡萝卜、李子、香蕉、番石榴、覆盆子等。不论是种子还是细胞，合适的生长培养基是育苗成功的关键。作为培养基的补充，活性炭具有重要作用。另外，在直接和土壤混合育苗上，活性炭也可促进种子提早发芽，提高发芽率；活性炭还能促进植物根部的发育和生长，医治植物根部的溃烂和创伤。在农药的处理方面，活性炭是毒性百草枯和杀草死的紧急处理的著名吸附剂。

**3. 活性炭在水处理中的应用**

随着工业化步伐的不断加快，饮用水源面临日益严峻的污染挑战；水质处理难度显著提升，水体常伴有令人不悦的气味。水质恶化不仅增加了水处理过程中氯的使用量，还会引发氯消毒副产物的生成，这对水质安全构成了额外威胁。在此背景下，自来水处理中活性炭的应用展现出显著优势。活性炭凭借高效的吸附性能，能够有效清除水中的有机杂质及多种异味物质。同时，它还能去除采用氯气或漂白粉消毒过程中所形成的对人体健康有害的含氯碳氢化合物，从而提升了饮用水的整体品质。

在废水处理领域，活性炭同样扮演着不可或缺的角色，尤其是在处理低浓度且难以通过常规手段去除的有害污染物时表现突出。废水经过初步的物理、化学一级处理及后续的生化曝气二级处理后，残留物多为难降解的低浓度有机物。此时，引入活性炭进行三级深度处理，就可以进一步净化水质，并确保废水最终符合排放标准。活性炭的吸附范围较广，能够高效去除包括油脂、酚类、汞氰化物、DDT 及有机氯代烃等在内的多种污染物。同时，它对汞、铅、镍、铬、锑、锡、锌、钴等重金属离子也显示出较强的吸附能力，为废水净化提供了有力的技术支撑。

**4. 煤基炭素材料在气相吸附领域的应用**

煤基炭素材料在气相吸附领域应用时，一般采用成型或无定形的粒状活性炭，以减少设备内的流体阻力。气相吸附采用的装置有固定床、移动床和流化床。

活性炭在气相吸附中的应用是从防毒面具开始的，其原理是通过使用各种金属盐类浸渍活性炭来分解有毒气体。以后活性炭又逐渐用作各种工业气相吸附剂，比如，从工业废气中除去对人类身体和环境有害的物质，从工业气体中回收有价值的组分，分离气体混合物，净化气体。以煤、石油、天然气为原料制成的工业原料气中经常含有一些诸如硫化氢、二硫化碳、各种硫醇等硫化物杂质，活性炭在常温下具有加速硫化氢氧化为硫的催化作用，并且可以直接吸附上述的硫化物杂质。在橡胶、合成树脂制造及油漆喷涂作业等环境中，溶剂的大量挥发会污染环境，危害健康，甚至可能引发火灾和爆炸事故。应用活性炭，可对低浓度的有机溶剂进行有效吸收，使净化后的气体达到安全排放标准。活性炭能吸附回收的溶剂气体包括甲苯、二甲苯、甲醇、乙醇、异丙醇、乙醚、甲乙酮、丙酮、乙酸乙酯、氯乙烯、汽油等。另外，活性炭在净化放射性气体方面也有着显著的效用。原子能设施产生的放射性气体与一般的化学工业产生的有害气体相比具有浓度小而捕集或去除效率要求高的特点，活性炭不仅可以吸附除去核裂变的气态废弃物，而且可以起到滞留床的作用，给放射性气体一定的停留时间，通过在此期间的衰变使其放射性减弱，从而控制污染。

**5. 煤基炭质吸附材料在催化领域的应用**

催化剂展现催化活性的关键在于其物质结构中内含的活性中心，这些中心通常体现为晶体缺陷的形式。活性炭，作为石墨碳与无定形碳的复合体，蕴含大量不饱和键，尤其是在其六角形网状结晶边缘的原子处，往往存在类似于晶体缺陷的结构特征。进一步地，活性炭中的石墨层因蕴含 π 电子结构，加之其表面附着的特定化合物（尤其是这些化合物的无机成分），为活性炭的强催化活性做出了不少贡献。

在化学合成领域，活性炭作为催化剂的应用范围极为广泛，涵盖了加成卤化、卤化置换、脱氯化氢、氧化、醇脱水、裂解、异构化、酯化及氢解等多种工业生产会涉及的反应类型。在以一氧化碳与氯气合成光气的加成卤化过程中，活性炭的引入显著加速了反应进程，并提升了产物收率。类似地，在制备三聚氯氰等化工原料时，活性炭作为催化剂能将传统液相聚合转变为气相催化聚合，以实现转化率的显著跃升，同时产品品质也获得大幅提升。

在工业实践中，活性炭还扮演着催化剂载体的关键角色。通过浸渍技术，催化剂可被有效地负载于活性炭之上。作为载体，活性炭的大比表面积、独特的孔隙结构及丰富的表面化学性质，对负载催化剂的活性、选择性及使用寿命展现出重要影响。在某些应用场景下，活性炭作为载体的独特优势是其他多孔材料难以比拟的。例如，在醋酸乙烯酯单体的合成及维尼纶的生产中，活性炭作为催化剂载体得到大量应用。此外，在加氢、脱氢、芳构化、环化、异构化、脱卤化、水合及聚合反应中，活性炭作为载体的应用同样广泛。

## 二、煤基电极材料制备技术及其应用

碳在自然界中分布很广，是地球上可形成化合物最多的元素之一。自然界中单质碳主要以结晶形态存在，涉及三种同素异构体，即金刚石、石墨和炔炭，但它们在自然界中的数量有限。自然界中，无烟煤是最接近纯碳的物质，含碳量在90%左右。煤是一种大量存在并被广泛开采的无定形碳，随着煤化作用的加深，泥煤、中等煤化度的褐煤、烟煤和发热量高的无烟煤依次得以形成。煤经过一定工艺加工处理后，可以制成炭素制品。炭素具有许多特殊性质，是一种重要的非金属材料，尤其是作为电极材料有着广阔用途。

### （一）煤基电极材料制备技术

煤基电极材料的制备过程涉及两类关键原材料：固体骨料与液体黏结剂。固体原料范畴广泛，涵盖了沥青焦、石油焦、冶金焦、无烟煤及天然石墨等多种碳质材料，它们构成了电极的主体结构。液体原料则主要包括煤沥青和煤焦油，这些物质在煤基电极材料制备过程中起到将固体骨料紧密结合的作用。

在特殊钢、铁合金、铝、镁及其他有色金属和黑色金属的冶炼过程中，电炉与电解槽的工作区域多以炭电极与人造石墨电极作为电流传导媒介。这一选择基于高温熔炼环境的特殊要求，鉴于金属导体在此类极端条件下无法保持稳定性和导电性。因此，人造石墨炭素制品凭借优异的耐高温、耐腐蚀性能，在工业上被大量用于替代合金钢、铝、铜及巴比合金等传统金属材料。这些炭素制品形式多样，包括但不限于坩埚、轴套、加热器、密封圈、板材、管材、铸模以及热交换器等，可以满足不同冶炼工艺的需求。

根据物理机械性能的差异，电极制造企业的产品可划分为两大类别：一类是以炭素电极为代表的压制炭素制品，另一类则是人造石墨电极及其异形制品。具体而言，炭素电极、炭板及炭块制品主要利用无烟煤、冶金焦和石油焦作为原料，并通过煤焦油沥青作为黏合剂进行成型与固化。而用于电弧炉的人造石墨电极，则是通过对低灰分石油焦和煤焦油沥青进行精密加工，制成特定形状的异形制品，以满足高温、高压下的电流传导需求。

## （二）煤基电极材料的应用

### 1. 加热用电极

加热用电极主要用于电弧炼钢炉、矿热电炉和电阻炉等。

石墨电极主要用于电弧炼钢炉。电炉炼钢是利用石墨电极向炉内导入电流，强大的电流在电极下端通过气体产生电弧放电，从而利用电弧产生的热量来炼钢。电炉容量取决于石墨电极的直径大小。为使电极连续使用，电极之间靠电极螺纹接头进行连接。我国电炉钢产量占全国粗钢产量的18%~25%，炼钢用石墨电极占石墨电极总用量的70%~80%。

炭电极和电极糊主要用于矿热电炉。矿热电炉主要用于生产铁合金、纯硅、黄磷、刚玉、冰铜和电石等，其特点是导电电极的下部埋在炉料中，因此除电极和炉料之间的电弧能够产生热量外，电流通过炉料时炉料的电阻也能够产生热量。炭电极（代号TD）是以无烟煤和冶金焦为原料，或者以石油焦和沥青焦为原料，经过焙烧加工成导电材料使用，不必经过石墨化热处理。炭电极的电阻率比石墨电极大3~4倍，导热性和抗氧化能力都不如石墨电极，但在常温下的抗压强度要比石墨电极大。炭电极无须石墨化,所以生产成本低,但其在使用时通过的电流密度要比石墨电极低得多;而且相比之下同样容量的电弧炉采用炭电极时其直径要比石墨电极大。电极糊是生产电石、铁合金的重要消耗性导电材料,是一种"自焙电极",根据配方不同又可分为两类:标准和非标准电极糊(代号 THD)、密闭糊(代号 THM)。标准电极糊主要采用中温沥青为黏结剂。非标准电极糊的干料颗粒组成与标准电极糊相同,但为了适当提高电极糊的烧结速度,在中温沥青中加入少量煤焦油作为黏结剂。密闭糊以无烟煤为主要原料,但为了提高电极糊的烧结性能,其制作过程中还需加入少量的石墨碎和石油焦,并需要采用低软化点的黏结剂。

炭电阻棒主要用于电阻炉。炭电阻棒(又称炭素格子砖,代号 TDZ)以沥青焦为原料,是将成型后的生制品在 1000 ℃ 左右的温度下焙烧而成的产物。它在以竖式电阻炉生产氯化镁的过程中,既作为发热体,也作为填充材料使用。炭电阻棒具有较高的抗碎强度,以及耐高温、耐腐蚀等特性,且具有适中的电阻值。

此外,大量的石墨电极毛坯还被加工成各种坩埚、石墨舟皿、热压铸模和真空电炉发热体等异形产品。如在石英玻璃行业,每生产 1 t 电熔管需用石墨电极坯料 10 t,每生产 1 t 石英砖消耗电极坯料 100 kg。

## 2. 电化学用电极

炭与石墨作为电化学领域应用最为广泛的非金属电极材料,其在该领域的应用历史可追溯至 19 世纪中叶,最初被引入 Volta 电池及 Leclanche 电池系统。1896 年,人造石墨研发成功,并率先在氯碱工业中得到应用。

在电化学应用中,炭与石墨展现出一系列显著优势。它们具备出色的导电性和导热性,能够有效传递电流和热量;同时,良好的耐腐蚀性确保了其在多种化学环境下的稳定性。这些材料易于加工成多种形态,如板块、粉末、纤维等,便于根据实际需求制备不同形状和规格的电极。此外,炭与石墨的成本相对较低,资源丰富,易于获取,这些特点进一步增强了其市场竞争力。然而,它们也存在一定的局限性,如抗碎强度较低,易于磨损,以及在特定条件下可能发生氧化损耗。

鉴于上述特性,炭与石墨在电化学工业中既可以作为阳极和阴极材料,直接参与电化学反应,也可以作为电催化剂的载体,为其提供稳定的支撑;

同时，它们还能作为电极的导电组分或骨架，以及集流体，促进电流的均匀分布和有效收集。这类电极所适用的工作介质广泛，包括水溶液和熔融盐，这一特性使其能够适用于工业电解和化学电源中的多种电化学反应器，从而为电化学工业的发展提供重要的材料支撑。

### 3. 电工制品

#### （1）电刷

电炭产品主要以电刷为核心。电刷在电机中扮演着至关重要的角色，它负责在转动部分和固定部分之间导入或导出电流，以确保电机的正常运转。在众多材料中，制造电刷最理想的材料当属石墨，这是因为石墨不仅具备出色的润滑性能，还拥有卓越的导电能力；除此之外，石墨的化学性质非常稳定，不易与其他物质发生反应，这使它在电刷制造中具有不可替代的地位。电刷的种类繁多，根据其原料组成和生产工艺的不同，可以细分为石墨刷、炭石墨刷、金属石墨刷及电化石墨刷等多种类型，每种类型的电刷都有其特定的应用场景和性能优势。

石墨刷是电刷家族中最基础的成员，其通常由纯石墨材料制成，适用于低电流和低速应用。由于石墨刷的摩擦系数低，其运行时产生的热量较少，因此对电机的磨损也相对较小。然而，石墨刷的机械强度较低，这限制了它们在高负荷环境下的使用。

炭石墨刷则是在石墨的基础上加入炭黑等其他材料，以提高其机械强度和耐热性。这种类型的电刷适用于中等电流和中等速度的电机，它们在保持良好导电性的同时，能够承受更高的工作温度和更大的机械应力。

金属石墨刷是由金属粉末与石墨混合制成的，往往具有更高的导电性和更好的热传导性能。它们通常用于需要较大电流和较高转速的电机中。金属石墨刷的加入，使电机在高负荷工作时性能更加稳定，但同时也增加了摩擦和磨损。

电化石墨刷是通过特殊工艺将石墨材料电化处理后制成的电刷。这种电刷具有极高的耐腐蚀性和耐磨损性，适用于恶劣的工作环境。电化石墨刷在电机中的应用可以显著延长电机的使用寿命，并减少维护成本。

每种电刷类型都有其独特的性能特点和适用范围，因此在选择电刷时，需要根据电机的具体工作条件和性能要求来决定。正确选择电刷不仅能够提高电机的运行效率，还能有效降低维护成本，延长电机的使用寿命。

（2）电接点用炭-石墨制品

在先进的电气设备和仪器中，各种连接的接触点被广泛运用。特别是滑动接触点和断开接触点，在工作时由于与电路的断开部分相连，在电路被断开的瞬间，两相接触的表面会产生放电现象。熔融、汽化、电离及打击摩擦等物理作用，以及氧化等化学作用，会破坏接触点的材料。因此，许多纯金属、通过压型和烧结的金属混合物或合金都无法满足要求。只有炭，因其极高的熔化温度（约3900 ℃），在电路断开的瞬间能直接由固体变为气体，且不发生氧化反应；同时具有极低的摩擦系数，完全具备作为接触点的所有必要技能。因此，使用炭或金属-炭素混合物制备的接触点已经取得了成功。根据制造所用的原材料，接触点可分为三种类型：①炭素接触点；②银—石墨接触点；③金属—石墨接触点。

（3）发光炭棒

电影放映机用发光炭棒分为三种：特效 K，专为交流电影放映机设计；KC，适用于交、直流电影放映机，还用于电影射影的照明弧光灯及探照灯；特 K，专为直流电影放映机设计，也可用于录波器的弧光灯、显微镜或需要使用极大亮度光束的其他仪器中。

特效 K 和 KC 的制造工艺过程和配方基本一致。第一阶段配方（人造炭块）包括：原油焦炭（未燃烧）63%，炭黑 15%，以及蒸馏过的煤焦油 22%。第二阶段配方包括：第一阶段人造炭块粉末 24%，煅烧过的石油焦炭 24%，炭黑 24%，以及蒸馏过的煤焦油 28%。特 K 炭棒是经单一步骤制成的，配方为：煅烧过的石油焦炭 24%，炭黑 24%，蒸馏过的煤焦油 28%，以及特 K 炭棒废品 24%。

# 第二节　煤系共伴生资源综合利用技术的发展与转化

我国煤系中共生伴生矿资源丰富，种类繁多，品质优良，且分布广泛。含煤岩系中除主要矿产煤外，还有高岭土（岩）、耐火黏土、铝土矿、膨润土、硅藻土、石墨、硫铁矿、油页岩、石膏、沉积石英岩、赤铁矿、菱铁矿、褐铁矿等多种矿产。其中，很多煤共伴生矿种是我国的优势矿产，因此，开发利用好这些资源对我国经济发展具有重要意义。

## 一、煤系高岭土

高岭土是一种重要的非金属矿产，与云母、石英、碳酸钙并称为四大非金属矿。高岭石理想的化学式为 $Al_2O_3 \cdot 2SiO_2 \cdot 2H_2O$，主要矿物包括高岭土和多水高岭土，同时还有蒙脱石、叶腊石、伊利石等其他矿物伴生。煤系高岭土又称煤矸石，作为含煤沉积岩层的共伴生矿物，其一般呈灰色或黑色，高岭石含量通常可达到 70%，多呈块状结构或蠕虫状晶体隐晶质结构，结晶有序度高。这种高岭土与煤层具有一定的成因关系，厚度一般为 0.3 ~ 0.5 m。[①]

### （一）煤系高岭土的分布与类型

中国作为全球煤炭资源储量丰富的国家，各时期煤系地层中蕴藏着丰富的可供开采与综合利用的共伴生矿物资源，其中煤系高岭土以其广泛的分布和显著的资源价值脱颖而出。在众多地质时代中，晚古生代石炭-二叠纪煤系地层展现出了煤系高岭土最为显著的资源优势，这一优势具体表现为分布范围最广、单层厚度最大、层位多样、品质优良及储量庞大，具有后续开发应用的广阔前景。相比之下，中、新生代煤系地层中的高岭土资源稍显逊色，但仍具备一定的开发利用价值。晚古生代石炭-二叠纪煤系地层中的高岭土资源主要集中于中国的华北地区，具体赋存于一系列特定地理界限内。北京、天津、河北、山东、山西、河南全境，以及内蒙古、陕西、宁夏和甘肃的部分地区，均广泛分布着该时期的高岭土资源。

煤系高岭土作为中国非金属矿产资源的一大特色，不仅资源量大，而且品质优异。在一些目前已探明的主要煤系高岭土矿区，如内蒙古的准格尔煤田和平朔矿区，其矿床中的高岭石含量极高，普遍为 90% ~ 100% 的水平，而其中有害元素（如铁、钛）的含量则极低，这为高岭土的高值化利用提供了有利条件。此外，在华北地区煤炭开采和加工过程中产生的煤矸石中，同样富含高岭石，含量普遍超过 80%，进一步彰显了该地区煤系高岭土资源的丰

① 陈漫，陈肖汀，黄腾，等．我国煤系高岭土应用现状研究与展望［J］．矿产综合利用，2022（6）：11.

富性和可利用性。

华北地区的晚古生代煤系高岭土主要分布于晚石炭世的本溪组和太原组、二叠纪山西组、下石盒子组和上石盒子组，既有坚硬致密的高岭岩，也有疏松的软质和半软质的高岭土。根据高岭岩（土）与煤层的关系，高岭岩（土）可分为以下三种主要类型。

第一，煤层夹矸及顶底板型高岭岩：一般赋存于煤层的夹矸和顶底板，多为硬质高岭岩，局部也可以见到软质高岭土。夹矸高岭岩厚度较薄，一般为几厘米至几十厘米，个别达到 1 m 以上；其横向分布较为稳定，可以作为等时对比标志层。顶底板煤系高岭岩厚度较大，一般为几十厘米至几米，但是横向厚度变化较大。该类型的高岭岩颜色较深，呈黑灰色-黑色，致密块状，常伴有贝壳状断口或砂状断口。

第二，与煤层不相邻的高岭岩：此种高岭岩一般成为独立的矿层，与煤层有一定的距离。厚度较大，通常为 1 m 至几米。例如，山东层高岭岩和淮南层高岭岩、华北与层土矿共生的高岭岩或高岭土等。此种高岭岩下的高岭石多为隐晶质，常发育为豆状结构，颜色呈灰色-浅灰色，常伴有贝壳状断口。

第三，木节土型软质高岭土：在地表露头或地下浅处与风化煤伴生，为富含有机质的高可塑性软质黏土，颜色呈紫色、棕色、白色等，厚度从几厘米到几米不等。主要分布在我国的唐山、准格尔、平朔、老石旦等地。

## （二）煤系高岭土的综合利用

### 1. 煅烧煤系高岭土

煅烧煤系高岭土的制备过程涉及将经过水洗处理或杂质去除及微细化粉碎后的硬质高岭岩材料，置于特定温度环境下进行焙烧处理，从而获得所需产品。此过程所制得的煅烧高岭土展现出卓越的光散射能力和优异的油墨吸收特性，这些特性使其在造纸行业中作为涂料应用时，能够充当价格高昂的钛白粉的替代品，有效提升纸张的光泽度、平滑度、不透明度及原纸的覆盖性能。在塑料与橡胶工业中作为填料使用时，煅烧高岭土相较于传统高岭石填料，对塑料和橡胶的收缩性、阻燃性、吸湿性及强度等关键性能指标具有更为显著的改善效果。此外，在石油化工领域，煅烧高岭土作为催化剂载体的基础材料，凭借独特的离子交换能力和吸附性能，发挥着不可替代的作用。煅烧高岭土凭借众多优越特性，不仅促进了工业制品质量的显著提升，还有效降低了生产成本，进而为企业带来了更为可观的经济效益。

### 2. 高岭土/橡胶基复合材料

炭黑作为目前最常用的橡胶补强填充剂，价格非常昂贵，使橡胶制品生产成本居高不下。为了降低原料成本，将无机材料进行表面改性，作为替代炭黑的橡胶补强填充剂，已经成为当今世界聚合材料研究的热点方向。煤系高岭土是由硅酸盐矿物和类似于炭黑的有机碳质物组成的复合体。高岭土/橡胶基复合材料的制备以煤系高岭土为主要原料，经过拣选、除杂、水浸泡等初加工后，通过超细粉碎制备出超细高岭土粉体，再经表面改性处理后得到橡胶填充剂。粒度小于 38 μm 的煤系高岭土添加剂用于天然橡胶后，对橡胶已有较好的补强作用，且主要性能指标类似于通用炭黑，可以部分等量替换炭黑。为了研究表面改性对煤系高岭土的影响，一些研究人员将填充改性后和改性前煤系高岭土的橡胶进行了对比，发现胶料硫化时，活化作用改性后比改性前强很多，硫化性能指标与炭黑填充的天然橡胶基本相同。因此，在橡胶生产中，高岭土/橡胶基复合材料是可以用来替代炭黑的，其替代量可在 25%~30%。

### 3. 煤系高岭土塑料复合材料

在材料科学领域，弹性体增韧技术一直被认为是提升材料性能极为有效的手段之一。然而，这一技术在实际应用中存在一定的局限性，那就是它往往会伴随着基体材料的刚性和强度的下降。在日常的生产活动中，为了追求更好的增韧效果，制造企业通常会倾向于往材料中添加大量的弹性体。但这种做法的副作用是，基体材料的刚性和强度这两个重要的性能指标往往难以得到充分的保障。此外，如果单纯地依赖无机纳米粒子来进行增韧处理，虽然可以确保基体材料的强度和韧性，但是增韧效果的提升幅度却显得相当有限。鉴于此，为了同时实现弹性体的增韧效果和无机纳米粒子的增强效果，研究者们开始致力开发一种新型的聚丙烯弹性体无机纳米粒子多相复合体系。这种复合体系，不仅有望解决传统增韧技术中的矛盾问题，而且正逐渐成为塑料复合材料领域研究的新焦点和未来发展的新趋势。

为了应对这一挑战，研究人员正在探索多种策略，以期在不牺牲材料刚性和强度的前提下，实现更好的增韧效果。其中，一种方法是通过纳米尺度的复合材料设计，将弹性体和无机纳米粒子以特定的方式结合在一起，形成一种具有协同效应的复合材料。这种复合材料不仅能够保持基体材料的原有强度和刚性，还能在一定程度上提升材料的韧性。此外，通过精细调控弹性体和无机纳米粒子的分布及界面相互作用，可以进一步优化复合材料的性能，使其在不同的应用场合中展现出更加优异的综合性能。

### 4. 煤系高岭土环保材料

高岭土作为一种天然矿物材料，展现出独特的比表面积大小及优越的吸附性能。经过专门的改性技术处理后，其内部结构中的孔道得到优化，进而展现出更为显著的选择性吸附特性。这一转变极大地强化了高岭土在环境保护与治理领域的应用潜力。具体而言，在废水处理方面，改性高岭土能够有效吸附废水中的有害物质；针对重金属污染，高岭土通过改性可制备出针对重金属离子的高效吸附材料；在燃煤处理过程中，改性高岭土同样展现出良好的应用效果；此外，在光催化领域，改性高岭土作为催化剂载体也表现出巨大的应用潜力。进一步说来，煤系高岭土经过改性后，能够开发出多种功能化的吸附材料，如专门用于重金属吸附的改性高岭土及磁化高岭土材料、针对水体中磷元素去除的改性高岭土材料、适用于印染废水处理的特定改性材料等。同时，活化煤系高岭土在处理生活污水方面同样展现出高效性。不仅如此，改性高岭土还被应用于高温环境下的吸附过程，以及空气污染物的吸附治理，甚至拓展至放射性元素的固定与吸附。最后，作为光催化剂的载体，改性高岭土也为光催化技术的发展提供了新的可能。

## 二、煤系耐火黏土

### （一）煤系耐火黏土的分布特点

我国的耐火黏土资源主要蕴藏于煤系地层之中，构成一类典型的沉积型矿床。在地质时间与空间分布上，耐火黏土与高岭土展现出相近的规律。其中，石炭-二叠纪煤系中的耐火黏土矿床占据主导地位，占比高达84%，而其余如泥盆纪、石炭纪至新近纪等不同地质时期的煤系则合计约占16%。

我国北方地区是晚古生代煤系耐火黏土最为富集的区域，构成了国内耐火黏土资源的核心来源。这些矿床特征显著，矿体厚度大，矿层延展稳定，通常以层状或似层状形态出现，少数呈现透镜状构造。相比之下，中生代煤系中的耐火黏土则多见于内蒙古、新疆等地，其沉积环境多为湖泊沼泽相，层状结构相对完好，但水铝石含量偏低，矿质偏向半硬质及软质，且成矿规模相对较小。特别地，古近纪含煤盆地，如舒兰矿区，其耐火黏土矿位于煤系中上部，属湖相沉积，规模宏大且质地柔软。

我国南方地区煤系耐火黏土的分布显得较为零散，规模以中、小型矿床为主，矿层厚度不一，岩相稳定性较差，矿体形态多样，包括透镜状、扁豆状及似层状等。从石炭纪至古近纪，各时期煤系中均有耐火黏土分布，较为突出的包括湖北二叠纪梁山组的硬质黏土、湖南石炭纪至二叠纪多个组别的硬质至软质耐火黏土，以及四川、贵州等地二叠纪及侏罗纪煤系中的硬质黏土。此外，广东、广西、江西、福建及云南等省份的不同地质时期煤系中也散布有耐火黏土资源，显示出我国耐火黏土资源分布的广泛性与多样性。

（二）煤系耐火黏土的综合利用

耐火黏土主要用于冶金工业，作为生产定型耐火材料和不定型耐火材料的原料，其用量约占全部耐火材料的 70%。耐火黏土在建筑工业上用于制作水泥窑和玻璃熔窑用的高铝砖、磷酸盐高铝耐火砖、高铝质熔铸砖。耐火黏土在研磨工业中有重要用途，高铝黏土经过在电弧炉中熔融，制造研磨材料；其中电熔刚玉磨料是目前应用最广泛的一种磨料，占全部磨料产品的三分之二。高铝黏土还可以用来生产各种铝化合物，如硫酸铝、氯化铝、硫酸钾铝等化工产品。在陶瓷工业中，硬质黏土和变硬质黏土可以作为制造日用陶瓷、建筑瓷和工业瓷的原材料。

## 三、煤系铝土矿

铝土矿作为炼铝工业的主要矿石来源，在全球氧化铝生产中占据主导地位，其用量超过全球铝土矿产量的 90%。此外，铝土矿在耐火材料、研磨材料及化学制品等领域也具有重要应用价值。在耐火材料领域，铝土矿可用于制造合成莫来石、高铝耐火砖、浇铸耐火砖及整体砖等高性能材料，这些材料在高温工业环境中表现出优异的耐热性和机械强度。在化学工业中，铝土矿作为原料，可用于生产硫酸铝、氯化铝及铝酸盐等化合物，这些化合物在污水处理、造纸及催化剂制备等领域具有广泛用途。此外，特级铝土矿因其独特的物理化学性质，还可用于糖汁、润滑油的脱色与净化，并且在药品制造中也能够发挥重要作用。

# 第三节　低浓度煤层气利用技术的发展与转化

## 一、煤层气概述

含煤岩系中有机质在成煤过程中所生成的以甲烷为主的天然气叫煤成气。其中，基本上未运移出煤层，以吸附、游离状态赋存于煤层及其围岩中的煤成气叫煤层气。煤层气又称煤层甲烷，是一种非常规天然气，在煤矿生产中俗称瓦斯。瓦斯经常与矿井灾害相联系（如瓦斯爆炸），从能源利用的角度出发，其被称为煤层气和煤层甲烷其实更合适。煤层气在煤矿开采过程中大量生成，但因其组分构成复杂，浓度很低，利用难度较大，已经成为煤矿安全生产过程中的重大隐患类型之一。[①]

煤层气长期以来被视为煤矿开采过程中的重大安全隐患，其存在对矿井安全构成了严重威胁。在煤炭开采的历史进程中，煤层气引发的瓦斯爆炸、煤尘爆炸及煤与瓦斯突出等事故屡见不鲜，已造成了严重的人员伤亡和财产损失。煤层气的主要成分甲烷是一种强效温室气体，其温室效应强度远超二氧化碳；据估计，甲烷的温室效应潜力约为二氧化碳的 20 倍。甲烷释放至大气中，不仅加剧了全球气候变暖，还对环境造成了深远影响。此外，甲烷存在于大气中还会消耗平流层的臭氧，导致臭氧层变薄，进而使地球表面接收到的紫外线辐射量增多。这不仅加剧了烟雾的形成，还可能对人类健康产生不利影响，诱发人体多种疾病。

甲烷作为煤层气的主要成分，其能源价值不容忽视。在常温下，甲烷的发热量介于 3.43~3.71 MJ/Nm$^3$，这一热值与常规天然气相当，表明煤层气是

---

一种高效且清洁的非常规天然气资源。煤层气不仅可作为民用燃料，满足家庭和商业的能源需求，还可用于发电和作为汽车燃料，以减少对传统化石燃料的依赖。此外，甲烷还是化工生产中的重要原料，可用于制造多种高附加值化工产品，具有显著的经济效益。因此，对煤层气进行回收和利用，不仅有助于缓解能源紧张，还能减少环境污染，实现资源的可持续利用。

## 二、煤层气的一般开发方法

### （一）煤层气地面钻井开发技术

有采煤作业的开发技术与煤层气的采气活动之间存在着紧密的关联性，特别是在实施地面钻孔以抽取采空区煤层气的策略中，这一关联性体现得尤为明显。采煤过程中，上覆煤层和岩层的下沉与断裂现象会自然引发采空区上方岩石的冒落，进而导致压力释放和煤层透气性显著提升。这一物理变化促使瓦斯从煤体中大量解吸并汇聚于采空区，为后续的抽气作业提供了极为有利的条件，使得在此情境下无须进行额外的煤层压裂处理。随着采煤工作面逐步向预设的超前钻孔区域推进，煤层因卸压而产生裂隙，这些裂隙的扩展进一步促使围岩碎裂，从而形成更为广泛的采空区域。在此过程中，煤层及其周围地层中的瓦斯得以通过这些新生裂隙顺畅地进入采空区。

在采空区利用的初期阶段，合理地应用抽采技术可以高效地抽取出近乎纯甲烷的气体。借助严格的管理措施和持续的气体监测手段，采空区井能够维持长期且稳定的高浓度甲烷气体生产。这种基于采煤作业的煤层气开采模式，在我国多个矿区如淮南、铁法等地均得到了实践验证，并取得了令人瞩目的成效，这不仅展示了该技术在实际应用中的可行性与经济性，还为后续煤层气资源的可持续开发提供了宝贵的经验和参考。

### （二）煤层气地下抽采技术

我国煤矿井下抽采煤层气始于 20 世纪 50 年代初。经过多年的发展，煤矿井下煤层气抽采，已由最初为保障煤矿安全生产转变为安全能源环保综合开发型抽采；抽采技术由早期的对高透气性煤层进行本煤层抽采和采空区抽采单一技术，逐渐发展到针对各类条件使用不同开采方法的煤层气综合抽采技术。按煤层气来源，煤矿抽放煤层气可分为四大类型，即开采煤层抽放、邻近层抽放、围岩抽放和采空区抽放。

### 1. 开采煤层抽放

开采煤层抽放包括三种类型，即开采煤层未卸压煤层气抽放方法、开采煤层采动卸压瓦斯抽放方法和人为强化卸压瓦斯抽放方法。每种类型又可细分为不同的抽放方法。

（1）开采煤层未卸压煤层气抽放方法

开采煤层未卸压煤层气抽放方法可进一步细分为：①岩巷揭煤层预抽方法；②煤巷掘进预抽方法；③回采工作面大面积预抽方法。

（2）开采煤层采动卸压瓦斯抽放方法

开采煤层采动卸压瓦斯抽放方法可进一步细分为：①边掘边抽卸压瓦斯抽放方法；②边采边抽卸压瓦斯抽放方法；③开采保护层抽放开采煤层卸压瓦斯方法。

（3）人为强化卸压瓦斯抽放方法

人为强化卸压瓦斯抽放方法可进一步细分为：①水力压裂法；②水力割缝法；③长钻孔控制预裂爆破法；④其他强化卸压法。

### 2. 邻近层抽放

邻近层瓦斯抽放可分为以下两种方法。

（1）上邻近层卸压瓦斯抽放方法

这种方法针对开采层上方的邻近层进行瓦斯抽放。通过抽放上邻近层的瓦斯，降低其瓦斯压力，防止瓦斯涌入开采层，减少瓦斯突出风险。适用于上邻近层瓦斯含量高、压力大的情况。

（2）下邻近层卸压瓦斯抽放方法

这种方法针对开采层下方的邻近层进行瓦斯抽放。通过抽放下邻近层的瓦斯，降低其瓦斯压力，防止瓦斯向上涌入开采层。适用于下邻近层瓦斯含量高、压力大的情况。

### 3. 围岩抽放

围岩瓦斯抽放包括以下两种方法，且每一种名下均可再做细分。

（1）顶底板围岩采动卸压瓦斯抽放方法

①作为邻近层瓦斯被抽放；②涌入采空区瓦斯被抽放。

（2）围岩裂隙（溶洞）喷出瓦斯抽放方法

①钻孔抽放；②封闭巷道插管抽放。

### 4. 采空区抽放

采空区瓦斯抽放包括三种类型，即回采工作面采空区瓦斯抽放方法、老采空区瓦斯抽放方法和报废矿井瓦斯抽放方法，每一种名下均可再做细分。

（1）回采工作面采空区瓦斯抽放方法

①采空区冒落拱（带）卸压瓦斯边采边抽方法；②采空区积聚瓦斯抽放方法；③工作面上隅角瓦斯抽放方法。

（2）老采空区瓦斯抽放方法

①钻孔抽放方式；②密闭插管抽放方式。

（3）报废矿井瓦斯抽放方法

①密闭抽放法；②地面钻孔抽放法。

## 三、低浓度煤层气利用技术

### （一）低浓度煤层气浓缩技术

低浓度煤层气浓缩的主要技术包括变压吸附技术和低温液化分离技术。

#### 1. 变压吸附技术

变压吸附技术是一种基于吸附剂对气体混合物中不同组分吸附能力差异的分离方法。其基本原理是通过改变气体压力来实现吸附和脱附过程，从而分离出目标气体。

（1）工作流程

加压吸附：在高压条件下，吸附剂对煤层气中的甲烷等目标气体有较强的吸附能力，而其他气体（如氮气、氧气等）则较少被吸附。

减压脱附：当压力降低时，吸附剂释放出吸附的目标气体，从而实现甲烷的浓缩。

（2）应用场景

变压吸附技术适用于中小型煤层气田，尤其是甲烷浓度较低但资源量有限的场合。该技术可用于生产民用燃料或化工原料。

#### 2. 低温液化分离技术

低温液化分离技术是通过将气体混合物冷却至极低温度，利用不同气体组分的沸点差异进行气体分离。该技术通常包括氮气膨胀制冷循环和低温精馏过程。

（1）工作流程

冷却与液化：通过氮气膨胀制冷循环，将煤层气冷却至极低温度，使其中的甲烷等组分液化。

精馏分离：在低温条件下，利用甲烷与其他气体（如氮气、氧气等）的沸点差异，通过精馏塔进行分离，从而得到高纯度的甲烷。

（2）应用场景

低温液化分离技术适用于大规模煤层气田，尤其是需要高纯度甲烷或液化天然气的场合。该技术可用于生产液化天然气（LNG）或化工原料。

## （二）低浓度煤层气燃烧技术

在煤矿开发过程中，会产生大量的低浓度煤层气。如果这些气体未能得到妥善利用，而是直接排放到大气中，不仅会造成资源的巨大浪费，还会加剧温室效应，对全球气候和大气环境产生负面影响。因此，开发和应用低浓度煤层气燃烧技术具有重要意义。

低浓度煤层气燃烧技术主要基于燃烧反应原理，通过燃烧将煤层气中的甲烷转化为二氧化碳和水蒸气等无害物质。这一过程中，甲烷的燃烧会产生热量，这些热量可以被捕获并用于发电或其他热能利用途径。

低浓度煤层气燃烧技术主要应用包括：①发电：燃烧低浓度煤层气产生的热能可以用于发电，为煤矿周边地区提供电力支持；②热能利用：除了发电，燃烧产生的热能还可用于供暖、工业加热等；③环保产业：随着人们环保意识的提高和环保法规的加强，低浓度煤层气燃烧技术将成为环保产业的重要组成部分。

低浓度煤层气燃烧技术尽管具有诸多优势，但在实际应用中也面临一些挑战。例如，煤层气的浓度和稳定性可能会影响燃烧效率和设备寿命。为了应对这些挑战，可以采取以下措施：①预处理技术：采用预处理技术提高煤层气的浓度和稳定性，以确保燃烧过程的顺利进行；②高效燃烧设备：研发和应用高效、稳定的燃烧设备，以提高燃烧效率和设备寿命；③智能化监控：利用智能化监控技术对燃烧过程进行实时监测和控制，以确保燃烧过程的安全性和稳定性。

### （三）矿井乏风技术

矿井乏风，又称煤矿乏风，是指在煤矿开采过程中，从井下抽出的大量含有煤层气的风流。这些风流中通常含有低浓度的甲烷等可燃气体，但由于浓度较低，直接燃烧利用价值不高，且存在安全隐患。因此，需要通过特定的技术手段，对其进行转化和利用。

矿井乏风技术的核心在于利用氧化设备对矿井中的煤层气（主要是甲烷）进行氧化反应。在氧化过程中，甲烷与空气中的氧气发生反应，生成二氧化碳和水，并释放出大量的热能。这些热能可以被有效地收集和利用，如用于供热和发电。

矿井乏风技术主要应用包括：①供热：通过矿井乏风技术产生的热能，可以供给矿区内的供暖系统，以减少对传统能源的依赖，降低供暖成本；②发电：利用氧化反应产生的热能，可以驱动蒸汽轮机或热电联产系统发电，为矿区提供电力支持。这种发电方式不仅环保，而且能够充分利用矿井乏风中的能源潜力。③节能减排：矿井乏风技术的应用有助于减少煤矿开采过程中的温室气体排放，特别是甲烷的排放。甲烷是一种强效的温室气体，其温室效应比二氧化碳高出许多倍。因此，通过矿井乏风技术将甲烷转化为热能并加以利用，对于减缓全球气候变暖具有重要意义。

矿井乏风技术作为一种创新的能源回收与利用方法，在煤矿开采行业中具有广阔的应用前景。随着技术的不断进步和政策的逐步完善，笔者相信矿井乏风技术将在未来得到更广泛的应用和推广，为煤矿企业的可持续发展和环境保护做出更大的贡献。同时，相关企业需要加强技术研发和人才培养，以推动矿井乏风技术的转化效率和经济效益不断提升。

## 本章小结

煤炭清洁材料与低浓度煤层气的综合利用，彰显了煤炭技术在环保和能源高效利用方面的显著进步。这些进步不仅为煤炭行业的转型升级提供了有力支持，还为实现国家的"双碳"目标贡献了积极力量。

在煤基炭质吸附材料与煤基电极材料领域，煤炭通过特定的化学加工过程，可以转化为高效的吸附材料和电极材料。煤基活性炭作为一种高效的吸附材料，具有高比表面积、高孔容和高吸附性能等特点，被广泛应用于水处理、空气净化、食品加工和医药制造等领域。此外，煤基电极材料在储能和电化学领域也展现出巨大的应用潜力。这些技术的发展不仅拓展了煤炭的应用范围，还提升了煤炭的附加值。

煤系共伴生资源的综合利用是另一大亮点。煤系中蕴藏着丰富的金属矿产、非金属矿产及能源矿产等资源，通过技术创新和产业升级，这些资源得到了更加高效、清洁的利用。例如，从煤炭中提取锗、镓等稀有金属，以及利用煤系硫铁矿生产硫酸和硫磺等重要原料，都体现了煤系共伴生资源综合利用的巨大价值。这些技术的转化和应用，不仅缓解了原生矿产资源的短缺问题，还推动了煤炭行业的可持续发展。

在低浓度煤层气利用方面，技术的进步使煤层气的开采和利用变得更加高效和环保。通过先进的开采技术和净化处理技术，低浓度煤层气可以被转化为高质量的能源产品，如液化天然气或压缩天然气，从而为能源市场提供了新的选择。这一技术的转化和应用，不仅提高了煤层气的利用率，还减少了温室气体的排放。

上述技术的转化和应用不仅促进了煤炭行业的转型升级，还为实现国家的环保和能源战略提供了有力支持。展望未来，随着技术的不断创新和产业的持续升级，煤炭技术将在更多领域发挥更大作用。

# 第六章 煤炭行业发展与技术转移模式探究

在全球"双碳"目标的背景下，煤炭行业作为我国能源供应的重要支柱，面临着前所未有的转型压力与机遇。如何在保障国家能源安全的前提下，实现煤炭行业的清洁、高效与可持续发展，成为一个亟待解决的关键问题。技术转移作为推动煤炭行业转型升级的重要手段，其模式与效率直接关系到行业发展的质量和速度。本章将深入探讨"双碳"目标下煤炭行业的技术发展路径，分析煤炭行业技术转移的现状与制约因素；同时以中国科学院和清华大学山西清洁能源研究院的典型技术为例，剖析煤炭技术转移的模式与案例，进而提出促进煤炭行业技术转移的有效策略，以期为煤炭行业的高质量发展提供理论支持和实践参考。

## 第一节 "双碳"目标下煤炭行业的技术发展路径

在全球"双碳"目标的背景下，煤炭行业作为我国能源体系的重要组成部分，面临着前所未有的机遇与挑战。为实现"双碳"目标，煤炭行业必须加快技术创新与转型升级，探索一条清洁、高效、低碳的发展路径。随着全球气候变化，减少温室气体排放和实现碳中和已成为国际社会共同关注的议题。作为全球最大的煤炭生产和消费国，我国面临巨大的碳减排压力。为实现"双碳"目标，煤炭行业作为传统的高碳产业，必须加快绿色转型升级进程。[1]

---

[1] 张铃昀."双碳"目标下煤炭行业绿色转型升级的路径［J］.内蒙古煤炭经济，2024（16）：163.

# 一、"双碳"目标对煤炭产量需求及波动影响

## （一）煤炭的兜底保障

### 1. 煤炭具备能源兜底保障的基础与能力

煤炭在我国能源体系中具有重要的兜底保障作用，其开发活动具备适应能源需求变化的能力。一旦社会经济发展需要，我国的煤炭产能可以在 1~2 年内迅速恢复，甚至在更短时间内实现大量恢复。

煤炭开发利用具有显著的成本优势。根据我国能源终端价格的长期趋势，同等热值的煤炭、石油、天然气比价约为 1：7：3，可以说，煤炭是最经济的能源资源。随着我国煤炭产量进入平台期，煤炭开发模式将从过去的无选择开发转向资源条件较好的区域集中开发，以进一步降低煤炭开发成本。这种转变不仅提升了煤炭的经济性，还增强了其在能源供应中的兜底保障能力。

### 2. 国家赋予煤炭能源兜底保障的使命

国家赋予煤炭能源兜底保障的使命，是基于我国能源结构的现实需求、经济发展的内在逻辑及能源安全的战略考量。煤炭作为我国能源体系的重要组成部分，长期以来在能源供应中占据主导地位；尽管近年来清洁能源快速发展，但煤炭仍然是保障能源安全和经济稳定的基石。该使命的核心在于，煤炭能够在能源供应出现波动或外部环境不确定性增加时，发挥其稳定、可靠的作用，确保能源供应的连续性和安全性。

从能源安全的角度来看，我国能源消费结构中煤炭占比虽逐年下降，但其基础性地位依然不可替代。我国煤炭资源储量丰富，分布广泛，开采和供应体系成熟，能够在可再生能源供应不稳定或外部能源供应中断时，迅速填补能源缺口，保障电力、工业生产和居民生活的正常运转。特别是在极端天气、自然灾害或国际能源市场波动等特殊情况下，煤炭的兜底作用显得尤为重要。

煤炭能源的兜底保障使命与我国经济社会发展密切相关。煤炭不仅是电力生产的主要能源，还是钢铁、化工、建材等基础工业的重要原料。这些行业是国民经济的重要支柱，由于煤炭与这些基础工业的固有关联，其稳定供应直接关系到经济运行的平稳性和社会发展的可持续性。此外，煤炭行业还

涉及大量就业人口，尤其是在资源型地区，煤炭产业的健康发展对地方经济和社会稳定具有重要意义。

在能源转型的背景下，煤炭的兜底保障使命还体现在其作为过渡能源的角色上。随着"双碳"目标的推进，我国能源结构正在向清洁化、低碳化方向转型，但这一过程需要时间。在可再生能源尚不能完全满足能源需求的情况下，煤炭作为稳定能源，能够有效弥补可再生能源的间歇性和波动性，为能源转型提供缓冲期。同时，国家通过推动煤炭清洁高效利用技术的创新，如超低排放技术、煤电一体化等，能够减少煤炭使用对环境的负面影响，使其在能源转型中继续发挥积极作用。

国家政策对煤炭兜底保障使命的支持也至关重要。近年来，国家通过优化煤炭产能结构、淘汰落后产能、推动智能化开采和绿色矿山建设等措施，不断提升煤炭行业的生产效率和安全性。同时，国家还加强了煤炭储备体系的建设，通过建立煤炭应急储备基地和完善储备机制，确保在紧急情况下能够快速调配资源，以保障能源供应的稳定。

国际形势的变化进一步凸显了煤炭兜底保障的重要性。全球能源市场的不确定性增加，地缘政治风险加剧，能源供应链的稳定性面临挑战。在这种背景下，煤炭兜底保障作用的发挥能够有效减少对外部能源的依赖，增强我国能源自主性和抗风险能力，为国家安全和经济稳定提供坚实保障。

**3. 国内煤炭供应承担"三重"兜底保障任务**

在国内能源体系中，煤炭承担着至关重要的"三重"兜底保障任务，这一角色具有深刻的多维度意义。具体而言，煤炭首先作为化石能源进口的补充屏障，其战略价值尤为凸显。当国际煤炭市场遭遇突发事件，影响我国油气供应稳定性时，国内煤炭生产必须迅速响应，填补进口缺口，以确保能源供应链的安全与稳定。

煤炭在可再生能源出力波动方面发挥着不可或缺的平衡作用。随着可再生能源在能源结构中的比例持续提升，其出力特性所带来的年际波动问题日益显著。面对这一挑战，煤炭作为调峰能源的角色更加重要。电煤储备的高效调配，能够有效满足可再生能源出力不足时的电力需求，保障电网稳定运行。

煤炭还承担着能源消费超预期增长的应急保障任务。在经济增长带动下，能源需求总量时常会出现超预期增长。在可再生能源与油气资源已按最大能力供应的情况下，煤炭成为唯一能够迅速响应并满足额外能源需求的资源，从而为经济社会发展提供可靠的能源支撑。

## （二）"双碳"目标加大煤炭产量需求波动

### 1. "双碳"目标增加能源需求总量变化不确定性

"双碳"目标的实施深刻影响着能源需求总量的动态演变，其内在复杂性加剧了这一变化的不确定性。该目标通过转化为一系列具体的减碳政策，旨在引导和规范经济社会的发展。然而，经济社会作为一个复杂系统，其对减碳政策的反馈机制呈现出高度的多样性和非线性特征。这种反馈不仅涉及产业结构调整、技术进步速度、消费者行为变迁等多个维度，还深受全球经济环境、政策执行力度及社会公众认知等多重外部因素的影响。

鉴于经济社会反馈的复杂性，减碳政策必须展现出高度的灵活性与适应性，以便在保持政策强度的同时，兼顾经济社会的实际承受能力。这种动态的平衡寻求过程，不仅挑战着政策制定者的智慧与决策能力，还对能源需求的预测与管理提出了更高要求。由于政策调整与经济社会反馈之间的相互作用，能源需求总量的变化趋势呈现出更大的不确定性；特别是煤炭作为能源结构中的重要组成部分，其需求也随之波动，从而增加了能源系统规划与管理的难度。显然，制定更加精细化的策略来应对这一挑战是必要的。

### 2. "双碳"目标增加可再生能源调峰需求不确定性

"双碳"目标的提出，标志着全球能源结构转型进入加速阶段，而这一转型的核心在于促进非化石能源的发展，特别是推动风、光等可再生能源在能源体系中的占比提升。然而，可再生能源固有的自然属性，如气候依赖性、天气多变性和光照强度的变化，致使其供给能力呈现出显著的年际、季节性乃至日间的波动性。这种不确定性不仅体现在能源量的供应上，还深刻地影响着能源系统的整体调节能力，尤其是在缺乏大规模、低成本储能技术的现状下。

随着可再生能源在能源体系中占比的不断提高，其固有的波动性对能源系统的稳定运行构成了严峻挑战。为了平衡可再生能源的间歇性和不确定性，必须增强能源系统的调峰能力。在此情境下，煤炭作为一种成熟且灵活的能源形式，被赋予了新的角色——可再生能源的调峰资源。然而，调峰需求的增加本就伴随着高度的不确定性，这不仅源于可再生能源供给的不可预测性，还与电力负荷的随机波动密切相关。因此，煤炭在承担这一调峰任务时，其需求也呈现出更为复杂和不确定的特点，这增加了能源规划与管理的难度，同时也对煤炭行业的灵活性和响应速度提出了更高的要求。

**3."双碳"目标增加化石能源进口不确定性**

"双碳"目标的设定，标志着全球能源转型进入了一个全新的阶段，其深远影响不仅限于能源消费结构的调整，更波及化石能源的全球供应链。中长期减少乃至退出化石能源消费的战略导向，显著抑制了各国对化石能源领域的投资热情，导致化石能源供给能力的增长陷入迟缓，进而影响了国际化石能源的供给规模与稳定性。在此背景下，一旦化石能源出口国的国内需求上升，这些国家往往会优先保障国内供应，相应减少对外出口量。这一行为无疑加剧了化石能源进口的不确定性。

加强煤炭作为油气接续能源的储备，不仅是应对能源短期供需波动的有效策略，还是保障国家能源安全与可持续发展的长远布局。通过煤炭资源的合理开发与高效利用，化石能源进口的不确定性可以得到有效缓解，从而为能源转型的平稳过渡提供坚实的支撑。

## 二、"双碳"目标下煤炭行业的发展方向

在"双碳"目标逐步传导影响煤炭行业的大背景下，煤炭行业自身也需要进行优化调整。以下介绍三种当前颇具潜力的行业发展方向。

### （一）由燃料化利用向原料化材料化利用转变

作为一种富含碳元素、结构复杂多变的自然资源，煤炭的基础结构单元涵盖芳环、脂环及杂环。这一独特的化学构成使煤炭不仅作为优质的燃料被广泛应用，还具备成为重要原料和材料的巨大潜力。作为燃料时，煤炭在发电、工业锅炉及民用等领域发挥着关键作用，通过燃烧释放热能。但这一过程不可避免地伴随着大量 $CO_2$ 的排放，导致燃煤活动具有较高的碳排放系数，进而使煤炭在碳交易市场面临较低的价格承受力。

然而，当煤炭转向原料化、材料化利用时，其价值转化路径发生了根本

性变化。这一转型旨在通过先进的提取或转化技术，从煤炭中获取高附加值的化工产品。这一提取或转化过程不仅能够显著降低碳排放系数，而且能提升碳交易价格的承受能力。随着全球范围内排放约束的日益严格和碳交易价格的逐步攀升，煤炭从传统的燃料化利用向原料化、材料化利用转型的趋势越发明显。

为了实现这一转型，煤炭的物理性质和化学性质正受到前所未有的深入研究，同时，针对煤炭的高效提取与转化技术也在不断取得突破性进展。这些努力将共同推动煤炭清洁转化技术的升级，促使煤炭能够转化为特种油品、高端煤基含氧化合物等多种原料化产品，以满足化工行业日益多元化的需求。更为引人瞩目的是，在石墨烯、碳基固体氧化物燃料电池等前沿科技领域，煤炭的材料化应用前景广阔，并有望在这些新兴领域实现大规模、高质量的应用。

## （二）由高产高效矿井向柔性矿井转型

在积极响应"双碳"目标的大背景下，煤炭行业正面临着从高产高效矿井向柔性矿井转型的迫切需求。这一转型旨在适应能源市场的新变化，特别是实现煤炭柔性供应方面提出的新要求。柔性矿井，作为一种新型的煤矿建设模式，其核心在于具备低成本且宽负荷的产能调节能力，这将使其在未来煤炭开采领域占据主导地位，并逐步取代当前以高产高效为特点的传统矿井。

当前，为了实现这一转型，国家部委及主要产煤省份正积极行动，大力推进煤矿的智能化建设。在这一进程中，云计算、大数据、物联网、移动互联网及人工智能等新一代信息技术扮演着至关重要的角色。这些先进技术的应用，不仅将极大提升煤矿的生产效率和安全性，还为柔性矿井建设从理论概念走向实际应用铺平了道路。

具体而言，云计算和大数据技术的应用，使煤矿管理人员能够实现对生产数据的实时采集、分析和处理，从而精准掌握矿井的运行状态，为产能的灵活调节提供科学依据。物联网和移动互联网的普及，则进一步强化了矿井内外部信息的互联互通，为煤炭的订单式生产创造了有利条件。人工智能技术的引入，更是为煤矿的智能化决策和自动化操作提供了强大的技术支持，使柔性矿井的产能调节更加精准、高效。

### （三） 由传统矿区向低碳/零碳矿区转变

煤矿区作为能源开发的关键区域，不仅蕴藏着丰富的煤炭资源，还拥有着广阔的地下空间和土地资源，这些资源为煤矿区向低碳/零碳矿区方向转型提供了得天独厚的条件。科学研究已证实，在 500 m 以下的煤矿地下空间储存 $CO_2$ 具有较高的稳定性，这为煤矿区实现碳减排提供了一条可行路径。此外，煤矿地下空间中的残煤、岩层和地下水对 $CO_2$ 具有显著的吸附、溶解和运移作用。经过长时间的自然物理化学反应和地质变迁，这些 $CO_2$ 可以转化为碳酸盐矿，从而实现其永久固化。

在煤矿区地表，利用土地资源种植快速生长的植物，不仅能够形成一定的碳汇，还能提升矿区的生态价值。这种地表碳汇与地下 $CO_2$ 封存的结合，使得煤矿区在煤炭开采过程中产生的 $CO_2$ 可以得到有效回收和再利用，并在一定范围内形成碳的自循环体系。这一体系的建立，将极大提升煤矿区的碳减排能力，为其向低碳/零碳矿区转型奠定坚实基础。

德国等发达国家在煤矿地下空间 $CO_2$ 封存领域的研究起步较早，已经取得了一系列重要成果。在我国，一些研究机构也正在积极开展煤矿地下空间的调查评价工作，以及储能、储气、碳封存等技术的研发与应用。随着研发力度的不断加大，相关技术将实现快速突破，为传统煤矿区向低碳/零碳矿区的转型提供强有力的技术支撑。可以预见的是，在未来，煤矿区将不再仅仅是煤炭资源的开采地，更将成为推动能源结构转型和应对气候变化的重要力量。

## 三、煤炭行业应对的措施建议

### （一） 客观灵活把握煤炭产能调整的节奏

在推进"双碳"目标的过程中，客观且灵活地把握煤炭产能调整的节奏显得尤为重要。为此，首要任务是积极开展碳排放的核查与核算工作，明确核查核算的具体范围，清晰界定边界条件，并确立科学的计量依据。这一系列工作的部署，旨在全面摸清煤炭行业的碳排放现状，深入挖掘潜在的减排空间，同时准确预判不同时间段内碳减排的约束强度，以及对碳交易价格的承受能力。基于这些翔实的数据与分析，我们可以更为客观地制定与煤炭实际需求相匹配的碳减排行动方案，确保方案的可行性和有效性。

在方案实施过程中，需密切关注"双碳"目标对煤炭行业产生影响的传导机制，特别是煤炭需求这一关键中介因素的变动情况。煤炭需求的波动将直接影响产能调整的策略与节奏。因此，我们需要灵活应对，根据需求变化适时调整产能规划，确保煤炭生产与市场需求保持动态平衡。

煤炭行业还应积极跟踪能源技术的最新进展，以及碳交易价格的变化趋势，这些因素将对不同消费领域的煤炭竞争力产生深远影响。特别要高度警觉煤炭与其他能源之间竞争力对比关系的变化，这种对比关系一旦出现逆转，将可能给煤炭行业带来重大挑战。

在煤炭需求尚未受到严重冲击之前，煤炭行业应着重提升能源利用效率，通过节能措施减少电耗、煤耗及材料消耗，以此降低碳排放强度。同时，相关决策者应避免过度削减煤炭产能和产量，以保障经济社会发展和民众生活水平提升所需的能源安全稳定供应。然而，一旦煤炭需求受到严重影响，决策者就应根据需求减少的幅度同步缩减煤炭产能和产量，确保煤炭供应既不过量也不过于紧缺。

## （二）加快煤炭相关技术攻关

在煤炭行业致力于实现低碳乃至零碳转型的过程中，一系列新型技术构想正由研究机构不断推进并取得了一些初步进展。这些技术旨在颠覆传统煤炭开发利用过程中不可避免产生 $CO_2$ 的固有模式，为实现煤炭的零碳排放利用开辟新路径。尽管当前这些技术仍处于原理验证及小规模实验阶段，尚未达到能够立即满足"双碳"目标的成熟度，但其展现出的潜力不容忽视。

加大科技投入、优化科技资源配置，以加速推进这些颠覆性技术的攻关显得尤为迫切。研究重点应聚焦于探索节能低碳的煤炭开采技术，深入阐释煤炭原料化、材料化利用的基础原理与机制，以及煤炭与新能源耦合利用的新原理。同时，"清洁煤炭+CCUS"的新原理也应成为研究的重点方向。

在技术研发层面，煤炭行业的科研工作者应着力开发废弃煤矿地下空间的碳封存技术，探索 $CO_2$ 矿化发电的高效实现途径，以及 $CO_2$ 转化为高附加值化工产品的方法。此外，结合矿区生态环境保护需求，研发深度融合的碳吸收技术与装备，以实现煤炭利用过程中的碳固定与吸收，也是至关重要的一个技术研发方向。

这一系列技术与装备的研发，有望破解煤炭行业在低碳发展过程中遭遇的关键技术瓶颈，为煤炭行业的绿色、可持续发展奠定坚实基础。这些努力不仅将促进煤炭资源的高效、清洁利用，还将为全球能源结构的转型与"双碳"目标的实现做出积极贡献。

## 第二节　煤炭行业技术转移的概况及制约因素分析

### 一、我国煤炭行业技术转移的概况

#### （一）技术转移体系完备，成就举世瞩目

1949年以来，我国煤炭行业技术转移工作成绩卓著。国家非常重视煤炭行业，也非常重视煤炭领域的科技进步，先后设立发展了门类齐全的一批科研教学单位，培养了大批煤炭科技人才，建设了相对完备的科学研究、教育教学、技术推广的网络系统，为煤炭行业发展输送了一大批优秀成果。目前，我国煤炭行业已初步形成了包括行政部门、技术供给方（高等学校、科研院所等）、技术需求方（行业内企业）、中介服务机构和推广机构等多主体多元化的技术转移机制。特别是20世纪90年代至今，一大批优秀科技成果产出助推煤炭行业快速发展，成绩斐然，而这显然应归功于技术转移工作的顺利开展。

#### （二）行业研发投入显著，自主创新能力增强

在过去的几年里，我们目睹了煤炭行业研发方面的投资持续增加，这直接推动了该行业自主创新能力的显著提升。煤炭行业在研究与试验发展方面的资金投入呈现出上升趋势。这种积极的发展态势促进了产学研结合的技术创新体系在行业内的逐步完善，同时，科技协同平台的建设也在不断推进，技术转移的速度因此而加快。特别是在煤矿重大灾害的防治、煤炭的安全高效开发及煤炭转化等领域，科研成果不断涌现，发展势头持续强劲。

在特厚煤层的大采高综放开采技术、生态脆弱区域煤炭现代开采中地下

水与地表生态保护技术，以及宁东特大型整装煤田的高效开发利用及深加工关键技术等方面，煤炭行业已经取得了一系列具有国际先进水平的科技创新成果。这些成果不仅显著提升了煤炭行业的整体技术水平，而且为我国的能源安全和可持续发展提供了坚实的支撑。随着研发投入的持续增加，煤炭行业的自主创新能力有望得到进一步增强，这将推动整个行业朝着更高质量、更高效率、更加环保的方向持续发展。

此外，煤炭行业在智能化、信息化建设方面也取得了显著进展。通过引入先进的信息技术和自动化设备，煤炭企业的生产效率和安全水平得到了显著提升。智能矿山的建设成为行业发展的新趋势，它不仅提高了矿井的管理水平，还为矿工提供了更加安全的工作环境。同时，煤炭行业正积极拥抱大数据和云计算技术，通过分析海量数据来优化生产流程，减少资源浪费，提高能源利用效率。

煤炭行业在环境保护和绿色开采方面也做出了积极努力。面对日益严格的环保法规和公众对环境质量的高要求，煤炭企业开始采用更加环保的开采技术和设备，以减少开采过程中的污染物排放。例如，通过实施煤层气抽采和利用技术，不仅降低了煤矿瓦斯事故的风险，还有效利用了这一清洁能源。此外，煤炭行业还致力于生态修复和土地复垦工作，力求在资源开发的同时，保护和改善矿区的生态环境。

## （三）技术转移地域性特征显著，影响因素复杂

我国煤炭资源的分布具有显著的地域性特征，相关矿藏主要集中在山西、陕西、内蒙古、宁夏、新疆、河南、安徽、山东、河北、辽宁、黑龙江、贵州、云南等省（自治区）。地理分布上，煤炭资源呈现"西多东少、北富南贫"的总体格局。从煤炭资源赋存状况来看，复杂地质条件占据多数，断层发育，褶皱多，地质构造的总体趋势显示南方比北方复杂，东部比西部复杂。这些地域性特征对煤炭行业技术转移产生了深远影响，必须予以高度重视。技术转移过程中，应充分考虑各地区的地质条件和资源分布特点，做到因地制宜。因此，针对性地调整技术应用和推广策略，才能有效应对不同地域的复杂地质条件，确保技术转移的顺利进行和实际效果的最大化。这不仅有助于提升煤炭资源的开发效率，还能促进各地区煤炭行业的协调发展。

### （四）行业内技术转移市场前景广阔，竞争激烈

煤炭行业研发范围广，涉及领域多，技术转移与推广前景广阔。比如三相泡沫防灭火技术，其成果就涉及发泡剂、设备研发、工程开发、产品生产加工等众多领域。此外，煤炭行业的重要产品因关乎国计民生，其开发和应用推广经济效益相对明显，国内众多高等学校、科研院所与该行业联系紧密，共同产出的成果众多，且国外也有一批大型矿业集团拥有先进成果。因此，我国煤炭行业的技术转移面临来自国内同行及国外大公司的双重竞争压力。

## 二、制约我国煤炭行业技术转移的因素

### （一）外部政策及环境

煤炭行业技术转移工作涉及行业科技成果从产生到实际应用的各个环节，良好的外部支持和环境必不可少。在煤炭行业"黄金十年"期间，国家关于科技成果转化的相关法律法规并不健全，制度建设的滞后导致了成果纠纷发生的高风险。加之知识产权保护意识缺乏，而这严重伤害了科技人员工作的积极性。仿冒、假冒科技成果的风险性居高不下，也严重影响了煤炭企业采用最新科技成果的积极性和行业内科技成果从产生到实际应用的整个转化环节的市场化运作效率，从而制约了我国煤炭行业技术转移工作的健康发展。

### （二）煤炭企业存在短期行为

煤炭行业内历来存在短期行为，在亏损期表现得尤其明显。首先，部分企业的领导以自己短期任期的考核任务完成为终极目的，导致技术转移周期长、见效慢的科技成果被排除在外，相关人员在开展最新科技成果转化工作时积极性不高。其次，煤炭行业内企业的经营观念与管理方法革新相对滞后，缺乏企业长远规划与目标，需要加强最新科技成果技术转移的自觉性。最后，在新常态下，煤炭行业的低迷状况导致部分企业资金周转困难，缺乏资金进行新成果的开发与利用。

### （三）科研成果的市场化程度低

当前很多科研成果来源于高校和科研机构承担的科研项目，这些成果的

转化形式以高水平论文和专利为主，不能立刻为行业的生产服务，从而与一线的具体生产相脱节。而对这部分成果进行深度开发难度大，风险高。某项科技成果要满足工业应用的标准，就需要开展比前期更深入的科学研究、细致的中试及二次开发，而其间影响因素颇多，最终极有可能导致这项技术市场化程度低。影响中试环节的包含设计开发方案、前期小试情况、中试工艺、技术配套服务等技术方面的因素，以及中试经费、中试基地、关键设备、管理等条件方面的因素。二次开发环节的影响因素包括市场发生变化、市场分析不准、无市场需求、需求小、受进口影响、缺乏销售渠道、成本高等市场因素，以及技术、装备、原材料和投资等方面的因素。

### （四）技术转移机制的不健全

完善的技术转移机制是实现行业技术成果转化的重要保证，但目前我国煤炭行业的技术转移机制还不健全。一是新成果的评价机制不健全，目前的成果评价更多局限于成果本身，缺少对该成果实用性及其带来的社会与经济效益的评价。二是利益分配机制不健全，煤炭行业技术转移过程涉及技术供给方（高等学校、科研院所等）、技术需求方（行业内部企业）、行政部门、中介服务机构、推广机构等多个利益主体，利益分配机制的不健全导致各方积极性不高、彼此之间衔接不到位。三是问题导向机制不明显，目前煤炭行业的科技成果多数产生于研究型机构内部，与一线煤炭企业的实际科技需求契合度不高，从而导致成果转换率偏低。

## 第三节 煤炭技术转化模式分析——以中国科学院典型煤炭技术为例

能源作为保障社会经济可持续发展与国家安全的物质基础，其重要性不言而喻。我国"富煤、贫油、少气"的能源资源禀赋特征，使煤炭在国家能源结构中占据核心地位。在此背景下，煤炭的清洁高效利用无疑是我国"能源革命"中能源技术创新的关键环节，对于保障国家能源安全、保护生态环境具有极为重要的战略意义。中国科学院长期以来将煤炭清洁高效利用作为能源领域科技布局的重点方向，经过数十年的持续研究与技术积累，近年来在煤制油、煤制烯烃和煤制乙二醇技术等关键领域取得了重大突破。这些技术成果通过与社会创新单元及社会资本的有效整合，成功跨越了从实验室到产业化的关键阶段，为我国能源安全提供了有力支撑，并成为我国能源领域科技创新的杰出代表。

煤炭的清洁高效利用对保障我国能源安全和保护生态环境具有重要意义。中国科学院研发的煤制油、煤制烯烃和煤制乙二醇这三项煤炭清洁高效利用技术均达到了世界先进水平，它们在科技成果转化过程中分别采取了"一条龙"模式、"联合开发体"模式和"金三角"模式整合社会资源，助力相关技术成果跨越了从实验室到产业化的鸿沟，一跃成为我国能源技术领域的创新典范。①

## 一、中国科学院三项典型煤炭利用技术及其转移转化模式

### （一）煤制油技术及其转移转化模式

中国科学院山西煤炭化学研究所（以下简称"山西煤化所"）在煤转化利用领域构建了完整的"基础研究—工艺过程开发—产业化"体系，其中，煤制油技术是其重要研究方向之一。经过多年的持续研究，山西煤化所攻克了煤制油反应器及催化剂的关键技术，并获得了中国科学院杰出科技成就奖。为了加速煤制油技术的市场化和产业化，山西煤化所于2006年与内蒙古伊泰集团有限公司及原神华集团有限责任公司等共同投资成立了中科合成油技术有限公司，采用"一条龙"模式，从技术研发、产品规划、工程设计、施工总承包到技术服务，全面推进煤制油技术的转化应用。

山西煤化所凭专利技术作价入股，并且向外派遣由90多人组成的技术研发团队进入新成立的公司创业。中科合成油技术有限公司的成立标志着煤制油技术成果转化迈出了重要一步。公司成立当年即启动了多个煤制油示范项目和专用催化剂项目，并在短短三年内成功开发了高温浆态床煤制油技术，

---

① 何京东，彭子龙，王春，等. 探索科技成果转化新模式——以中国科学院典型煤炭技术产业化为例 [J]. 中国科学院院刊，2019，34（10）：1136.

进一步提升了系统能效。为增强公司的发展后劲，解决科技人员的引进、稳定和长期激励等问题，该公司在 2008 年年初增资至 10 亿元人民币，在此期间，由原技术研发团队全体成员共同成立的北京中智众合技术咨询中心成为第二大股东。

煤制油技术的成功转化不仅体现在多个示范项目的顺利投产和满负荷运行，还在于其形成了 650 万吨/年的产能，占我国煤制油总产能的 85% 以上，这标志着该技术在先进性、可靠性和装置规模方面均处于国内引领地位。

煤制油技术转移转化模式的基本内涵是研究所以源头创新的专利技术作价，与行业企业合股成立技术公司，形成"一条龙"模式的技术转化应用链。其优点在于有效减少了创新技术研发与应用过程中的脱节问题，并保障了创新性技术的工程实现；承担示范工程任务的企业在技术公司中占有股份，能激发相关企业的施工积极性，有效保障了示范工程的顺利实施；研发团队拥有一定的公司股份，在激发研发人员积极性的同时，有效保障了技术的持续进步和公司的稳定发展。

这种"一条龙"转化模式极大地推进了煤制油技术的产业化进程，为中国煤制油产业的发展奠定了坚实基础。然而，该模式在实施过程中也遇到了一些问题。例如，研发团队主体进入技术公司，虽然提升了技术公司的创新能力，但同时削弱了研究所在该学科方向上的可持续发展势头。如何在支持企业创新的同时继续保持研究所的原始创新能力，还需要统筹考虑。此外，如何保障研究所作为企业小股东的创新权益，也需要进一步研究和探讨。

## （二）煤制烯烃技术及其转移转化模式

中国科学院大连化学物理研究所（以下简称"大连化物所"）作为基础研究与应用研究并重、应用研究与技术转化相结合的综合性研究所，在催化化学领域具有显著的国际影响力。该所长期致力于能源资源的催化转化研究，其中甲醇制烯烃技术研发是其重点科研方向之一。自 20 世纪 80 年代起，大连化物所便开始了甲醇制烯烃技术的研发工作，并于 1995 年完成了合成气经由二甲醚制烯烃技术的实验室中试，获得了 1996 年中国科学院科技进步奖特等奖。然而，中试技术向工业规模化应用转化需要进行工业性试验，而研究所自身并不具备开展工业性试验的条件。因此，大连化物所积极寻求与社会力量的合作。陕西省政府高度重视该技术的意义，决定由陕西国有企业出资与大连化物所共同完成工业性试验。2004年，大连化物所与陕西新兴煤化工科技发展有限责任公司（以下简称"新兴公司"）和洛阳石化工程建设集团有限责任公司（以下简称"洛阳石化"）三方签订合作开发合同，启动了世界上第一套万吨级甲醇制烯烃技术（技术代号：DMTO）工业性试验装置的建设，形成了"科研+设计+生产"紧密结合的"联合开发体"模式，并有效加速了技术的产业化进程。在此过程中，新兴公司负责全部投资和试验装置的建设及运行管理，并在2006年的DMTO工业性试验中取得成功。

为促进DMTO技术的推广许可，2008年，大连化物所将其持有的相关技术专利注入新兴公司，并对新兴公司进行了股份重组（即现在的"新兴能源科技有限公司"），大连化物所（含研发团队）成为公司大股东。新兴公司独家拥有DMTO技术的相关专利，并组建专业团队负责DMTO技术的全球推广，以专利许可方式进行专业运营。洛阳石化则拥有DMTO产业化技术的独家设计权。为支撑DMTO产业化后的生产，由正大集团独资成立了催化剂厂，大连化物所将第一代催化剂的专利使用权许可给该厂进行生产，除第一笔技术费外，正大催化剂厂另外提取一定比例的催化剂销售额转给大连化物所。2008年3月，为加强后续技术开发合作，陕西煤业化工集团有限责任公司和大连化物所联合组建了"陕西煤化工技术工程中心有限公司"（以下简称"工程中心"）股份制企业实体。2018年11月，由大连化物所与江苏飞翔化工股份有限公司共同组建的中科催化新技术（大连）股份有限公司（以下简称"中科催化"）开始进行新一代DMTO催化剂的生产和销售。2010年，世界首套60万吨/年的煤制烯烃工业装置在内蒙古包头投料试车一次成功。

"联合开发体"模式的基本内涵是技术所有权归属于研究所控股的技术公司，并以专利许可方式进行技术推广。这一模式的优点在于避免了作价入股仅限一个企业转化的弊端，有效保障了研究所的创新名誉权和收益权，并同时保护了相关企业的积极性；研发团队仍在研究所持续开展相关基础研究和应用研究，而研究所用收益的一定比例奖励团队。同时，设立煤代油基础研究合作基金，支持全所进行相关合作研究，有效反哺科研工作的后续创新。

该模式形成了大连化物所开展持续研发、工程中心开发工程技术、洛阳石化独家设计、新兴公司从事营销、正大集团和中科催化生产催化剂的全链条布局。随着 DMTO 新兴产业的扩展和新一代催化剂技术的持续开发，这种转移转化模式也面临新的挑战，主要表现在全链条不同环节涉及不同主体，他们在决策上需要不断地相互协调，而这会使决策效率受到一定影响。

### （三）煤制乙二醇技术及其转移转化模式

中国科学院福建物质结构研究所（以下简称"福建物构所"）在结构化学领域具有显著的国际影响力，结构化学作为该所的核心学科之一，为其科研工作奠定了坚实基础。福建物构所长期致力于从结构入手研究催化剂等材料的性能，这一研究方向在煤制乙二醇技术的开发中发挥了关键作用。自1982 年起，福建物构所就开展了一氧化碳气相催化合成草酸二酯的研究，并在 1994 年通过国家"八五"重点攻关项目的成果鉴定。2004 年，该所完成了煤制乙二醇技术的实验室开发，并与江苏丹化集团有限责任公司合作推进中试和产业化工作。2008 年，世界首套万吨级煤制乙二醇技术装置的工业性试验成功完成。2009 年，福建物构所以煤制乙二醇工艺及催化剂技术的知识产权作价入股通辽金煤化工有限公司（以下简称"通辽金煤"），并在内蒙古通辽建成了世界首套 20 万吨级煤制乙二醇工业示范装置。该技术获得了 2009 年"中国科学院杰出科技成就奖"，对它的专题报道被评为当年"中国十大科技进展新闻"。此后，通辽金煤以"技术+许可权"的形式与河南能源化工集团永煤公司联合组建了河南煤化新乡永金化工有限公司（以下简称"河南永金"），并在河南建成了多套 20 万吨/年的工业装置。

煤制乙二醇技术的转移转化模式以"专利实施许可+企业合作中试+新知识产权共享"为核心，即在专利技术的基础上，通过与优势企业合作开展中试，形成完整的工程化技术解决方案，并共享新形成的知识产权。随后，在结合优势社会资源实现规模产业化的基础上，这一模式被称为"金三角"模式。该模式的优势在于：中试阶段即与企业合作，引入社会资本，有利于技术的快速成熟，降低中试阶段的技术风险和资金风险；同时，研发团队不离开研究所，其知识产权作价股份按一定比例反哺研究所和研发团队，有效保护了团队的积极性和创新收益权。

然而，在具体发展过程中，该模式也面临一些挑战。在专利技术作价独家转让与研究所作为小股东这两个因素的共同作用下，研究所对技术产业化发展的影响力受限，这不仅不利于技术的广泛推广，而且使创新收益权难以得到有效保障。此外，研究所持续创新形成的新一代技术与上一代技术之间存在潜在的竞争关系，如果处理不当，则可能影响新一代技术的推广和应用。这些问题启示相关从业者，在科技成果转化过程中，需进一步优化合作机制，平衡各方利益。只有确保技术的持续创新和产业化发展相辅相成，才能实现科技成果的最大化利用。

## 二、科技成果转化模式的优化路径

　　科技成果转化是实现国家战略科技力量价值的关键环节，对于推动经济社会发展和满足国家重大需求具有重要意义。在科技成果转化过程中，保护知识产权和维护创新名誉权是基础，保障创新团队的合理收益权则是关键。有鉴于此，在我国知识产权保护现状的基础上，可从以下五个方面对科技成果转化模式进行优化。

### （一）前瞻布局与稳定支持

　　重大技术成果的形成往往离不开科研机构的前瞻性布局和科研人员的长期积累，以及国家相关部门与科研机构的持续投入。这种长期的投入与积累能够使科研机构在技术创新中占据先发优势，掌握核心技术，从而实现自主创新。因此，科研机构应注重长期规划，为科研人员提供稳定的科研环境和持续的支持，以保障重大原始创新的持续产出。

### （二）知识产权保护和成果宣传

　　主动宣传科技成果，形成社会共知和同行公认的知名度，能够有效保护创新名誉权。这种知名度不仅有助于提升科研机构的影响力，还能为科技成果的市场推广奠定基础。同时，科研机构应注重知识产权保护，确保科技成果在转化过程中不被侵权，从而更好地维护科研人员和相关机构的合法权益。

### （三）综合考虑转移转化的即时收益与长线回报

　　对于具有重大经济社会效益的科技创新成果，科研机构应综合考虑转移转化的即时收益与长线回报。在当前创新生态下，仅依赖合作协议保障长线回报存在不确定性，因此科研机构应通过多元化的收益模式，如专利许可、技术转让、股权收益等，实现科技成果的经济价值最大化，同时为科研机构的持续发展提供资金支持。

### （四）确保自身在该研究方向上的持续创新能力

在采用团队离所创业的模式时，科研机构需确保自身在该研究方向上的持续创新能力。需避免因核心团队离所导致科研机构在相关学科和技术发展上出现断层，并确保科研机构能够持续产出创新成果，从而为技术产业化提供持续的技术支持。这种平衡对于科研机构的长期发展和技术产业化的可持续性至关重要。

### （五）及时引入多元社会资本

及时引入多元社会资本，能够有效调节企业和科研机构在价值取向上存在的矛盾。科研机构作为由国家资助的研究机构，其科技成果应面向全社会，发挥科技创新对经济社会发展的促进作用。然而，企业在技术成功后，往往倾向于追求利益最大化并保持技术垄断。引入多元社会资本，可以增加技术转化的灵活性，缓解企业和科研机构之间的矛盾，并推动相关科技成果的广泛应用和产业化发展。

## 第四节　煤炭技术转化经验分析——以清华大学山西清洁能源研究院为例

自成立以来，清华大学山西清洁能源研究院（以下简称"清华山西院"）始终围绕煤炭清洁高效利用、可再生能源与储能、二氧化碳捕集封存利用三大领域展开深入研究。其研究方向涵盖先进燃烧技术、煤炭高效清洁转化技术、污染物控制与资源化技术、生物质能源利用技术、氢能与燃料电池技术、先进储能技术、智慧能源系统、高效低能耗二氧化碳捕集技术、二氧化碳转化与地质利用技术、生态修复与固碳技术及能源政策与战略等关键技术领域。依托前沿科技布局，该研究院全面推进科技创新、成果转化、智库建设、社会服务、人才培养及国际合作交流等工作，致力提升科技创新能力，推动产业升级与可持续发展，为山西省乃至国家战略性新兴产业的建设提供有力支撑。

## 一、培养引进人才，推进智库建设

在推动智库建设的进程中，清华山西院采取了多项有力举措以培养和引进高端人才。该机构与太原理工大学、中北大学等高等教育学府建立了长期且深入的合作关系，这些合作聚焦于人才培养的广度与深度，特别针对高层次人才的培育，旨在构建坚实的人才梯队。通过这一平台，清华山西院成功引入了包括清洁供能与碳利用/封存研究中心、多功能催化剂研发中心等在内的 10 个高水平科研团队，以及 4 个企业联合研究中心，共计 14 个科研实体。这些中心的领导核心及科研主力均为各自领域的杰出人才，他们的加入极大地增强了清华山西院的科研实力与创新能力。

清华山西院还聘请了多位中国工程院及中国科学院院士，作为科研部署与战略发展的指导顾问，为机构的科研方向与发展蓝图提供了权威且具有前瞻性的指导。在清洁能源利用领域，清华山西院积极参与并主导了 15 项与煤炭、钢铁、氢能等关键领域相关的国家标准制定工作。这不仅彰显了其在技术领域的领先地位，还为其在转型发展过程中赢得了技术主导权与标准定义话语权。

在科研成果方面，清华山西院取得了显著成就，包括申请国内外专利 170 项，其中 78 项已获得授权，此外还获得了 9 项软件著作权。在奖项荣誉上，该机构收获了国家级、省部级、行业协会及国际奖项共计 40 余项，承担了 49 项各类科研项目，并成功产出了 14 项高水平科研成果。清华山西院以高端规划咨询为引领，不断推进智库建设，其战略咨询委员会汇聚了众多能源领域的院士与高级专家。这些专家将在未来的相关战略规划与发展路径上发挥关键的指导作用，为山西地区企业的转型升级与创新发展提供强有力的智力支持。

## 二、坚持共建共享，促进联动发展

清华山西院与太原理工大学、中北大学等高校、院所签订合作协议，共同致力新技术、新模式、新应用的研究开发；与本省行业骨干企业共建联合研究中心，长期合作以解决工业经济高质量发展中的关键技术难题，精准对接企业需求。此外，清华山西院还与东南沿海科技企业加强合作，联动发展，推动清华山西院技术走向产业化。例如，在其研发的高效柔性晶硅太阳能电池核心技术引起国内同行高度关注的同时，清华山西院当即就与江苏、浙江多家企业签订了技术服务合同，并与苏州纽迈分析仪器股份有限公司联合成立"多孔介质低场核磁共振分析联合研究中心"；另外，作为国家实验室一体化组织构架中重要的"网络"组成，清华山西院还参加了怀柔实验室山西基地建设。

清华山西院与古交市、原平市、汾阳市、杏花村经济技术开发区、壶关县等地方政府分别签署了科技战略合作协议，以山西省能源产业的发展战略和实际需求为导向，为高端装备制造业和工业经济高质量发展带来新思路、激发新活力。

与此同时，清华山西院与山西综改示范区还签署成立了海外、省外协同创新中心合作协议，并瞄准新一轮科技协同创新革命，成立了可再生能源协同创新中心，为山西省科技和经济的高质量发展赋能。清华山西院还发起并牵头成立了山西省工业互联网协会，以"互联网+"和"5G+"技术推动和引导工业、制造业转型升级，为推动山西工业互联网的发展和产业数智化转型注入新活力、蹚出新路径，也为山西打造制造强省和网络强省提供创新动力。

清华山西院还积极利用所取得的科研成果，孵化创新型科技企业。该院利用基于增材制造的气化炉喷嘴制造技术，在山西成立实体企业众志清创（山西）增材制造科技有限责任公司，解决了苛刻条件下工业关键零部件的长寿命运行问题；此外，该院利用高效脱硫剂制备技术，在山西成立实体企业启迪义先（山西）能源环保科技有限公司，通过新型脱硫剂的规模化工业生产，显著降低了涉及燃煤、焦化等工艺的企业的污染排放控制成本。

## 三、协同合作研发，涌现原创成果

清华山西院在推动科技创新与成果转化方面取得了显著成效，特别是通过协同合作，研发出了一系列具有重大影响力的原创性成果。这些成果不仅在国内市场占据领先地位，也在国际舞台上展现出强大的竞争力。

清华山西院与多家企业建立了长期稳定的产学研合作关系，通过深度合作，共同研发出了多项关键技术。例如，"晋华炉"系列技术，作为煤化工领域的重大突破，不仅成功实现了产业化应用，还荣获了多项国内外重要奖项，对山西省乃至全国的煤化工产业升级都具有重要意义。此外，清华山西院与太原锅炉集团有限公司合作开发的第三代超低排放循环流化床锅炉技术，也达到了国家最严格的超低排放标准，还引领了相关技术的升级换代。

在新能源与环保技术领域，清华山西院同样取得了显著进展。其研发的跨临界二氧化碳热泵技术，在油气生产和集输领域实现了零排放，具有巨大的推广价值。同时，清华山西院还积极开展太阳能、空气源热泵、地热、生物质燃烧及储能等技术在建筑供能领域的应用，为低碳建筑供能规划和特色光伏小镇建设提供了有力支持。

在脱硫脱硝技术方面，清华山西院也取得了重要突破。其开发的高效钙基脱硫剂和新型铁基硫酸盐 SCR 脱硝催化剂，已在煤电、工业锅炉、焦化等多个行业成功应用，并展现出良好的市场前景。这些技术的研发与应用，不仅提升了相关行业的环保水平，还为清华山西院在能源环保领域树立了良好的品牌形象。

清华山西院在发展过程中，始终坚持省内省外产学研协同发展的战略思路，不仅致力于服务省内企业，还积极"走出去"，在技术主导权和能源领域发展先进性上打造了一张"山西名片"。通过不断深化合作，清华山西院将继续推动科技创新与成果转化，为山西省乃至全国的能源环保事业做出更大贡献。

# 第五节 煤炭行业技术转移的促进策略

## 一、加快煤炭企业建立现代企业制度进程

在煤炭行业转型升级的关键时期，推动业内广泛建立现代企业制度显得尤为迫切。煤炭企业长期以来存在的短期行为，严重制约了行业的可持续发展，而现代企业制度的建立正是破解这一难题的关键所在。煤炭企业须从内部着手，优化经营体制机制，打破传统管理模式的束缚，引入先进的管理理念与方法，提升企业的决策效率与运营效能。

同时，煤炭企业应积极主动地与高校和科研单位开展深度合作。通过邀请高校与科研单位参与企业的技术诊断，精准定位企业发展中的技术瓶颈与问题所在；借助成果咨询，获取前沿的科技信息与专业建议，为企业的技术研发与创新提供方向；通过成果转让，将高校及科研单位的先进成果快速转化为企业的生产力，推动企业技术升级。此外，双方共建产业化平台，能够实现产学研的深度融合，为企业提供持续的技术支持与创新动力。这使科技进步成为企业降成本、提效益、增强竞争力的核心驱动力，并进一步促使企业自发地吸收最新科技成果，从而推动煤炭行业在现代企业制度的引领下实现高质量发展。

## 二、提高煤炭行业科技成果的市场适应性

在煤炭行业科技成果的应用与推广过程中，其市场适应性的提升无疑是一项核心议题，它直接关系到科技成果能否有效转化为生产力，进而推动煤炭行业的转型升级与可持续发展。

### （一）提升科技成果质量：把控源头，确保实用性

煤炭行业在追求科技进步的过程中，首要任务是确保科技成果的高质量。这要求煤炭行业在课题选择、立项审批、研究实施到成果验收的每一个环节都秉持精益求精的态度。具体而言，课题选择应紧密围绕煤炭行业面临的实际问题与挑战，避免脱离实际需求的空洞研究；立项审批则需严格把关，确保项目的科学性、可行性和创新性；在研究实施过程中，应克服以往过分偏重理论与技术研究的倾向，注重实践应用导向，避免陷入仅追求实验成功或原理样机设计的狭隘视野；成果验收时，则需以实际应用效果为评判标准，确保科技成果能够切实解决行业生产中的实际问题，提升生产效率，降低能耗与排放。

### （二）强化科研成果试验与示范：搭建桥梁，提升成熟度

科研成果的试验与示范是连接实验室与生产线的重要桥梁，也是提升科技成果市场适应性的关键环节。煤炭行业应进一步加强中试和示范基地的建设，为科研成果提供从理论研究过渡到实际应用的必要平台。在这些基地中，关键、重大及共性技术应得到重点试验与示范，并通过反复验证与优化来不

断提升其成熟度与稳定性。同时，技术转移工作也应得到高度重视。有效的技术转移机制可以确保这些经过验证的先进技术顺利应用于煤炭行业的实际生产中，从而推动行业整体技术水平的提升和科技成果的有效转化。

### （三）加强协同创新：构建平台，促进链式融合

协同创新是推动煤炭行业科技成果快速转化与应用的重要途径。为此，煤炭行业应积极支持技术创新战略联盟和协同创新中心的建设，通过搭建这类平台，促进产业链与创新链的深度融合与有机衔接。在这些平台上，产业链上下游企业、科研机构、高校等各方主体可以充分发挥各自优势，形成协同创新合力，共同攻克行业技术难题，推动科技成果的快速转化与应用。同时，这些平台有助于促进煤炭行业与其他行业的交叉融合，拓展煤炭行业相关技术的应用领域，提升行业的整体竞争力和可持续发展能力。

## 三、加速煤炭行业信息化建设进程

在煤炭行业转型升级的关键时期，加速信息化建设进程，对于提升科技成果推广力度、促进技术交流与共享、增强基层技术人员能力，以及推动行业整体高质量发展都具有重要意义。

### （一）信息化建设在煤炭行业科技成果推广中的作用

当前，煤炭行业科技成果的推广力度尚显不足，这在一定程度上制约了行业的技术进步与创新发展。可喜的是，信息化建设为解决这一问题提供了有力工具。通过构建信息化平台，可以实现对科技成果信息的快速采集、整理与发布，打破信息孤岛，并促进科技成果的广泛传播与共享。同时，信息化手段如大数据、云计算等技术的应用，能够精准匹配供需双方的需求，提高科技成果的转化率与应用效果。

### （二）信息化建设对煤炭行业管理水平的提升

信息化建设不仅能够促进科技成果的推广与应用，还能提升煤炭行业整体的管理水平与竞争力。构建信息化管理系统，可以实现对生产、安全、环保等各个环节的实时监控与智能管理，提高管理效率与决策准确性。同时，

还可以利用大数据技术对生产数据进行深度挖掘与分析，发现潜在问题与改进空间，为优化生产流程、提高生产效率提供科学依据，最终推动煤炭行业实现高质量发展。

### （三）利用信息化建设提升基层技术人员能力

基层技术人员是煤炭行业技术创新与成果应用的重要力量。为了提升他们的专业素养与创新能力，需要充分利用信息化建设成果，使最新的科技成果及时传递到生产一线。这可以通过建立远程教育培训系统、提供在线学习资源、开展在线技术交流会等形式实现。这些活动可以帮助基层技术人员快速掌握新技术、新工艺、新设备的应用方法，提高他们的实际操作能力与问题解决能力，从而推动科技成果在生产实践中的有效应用。

### （四）搭建高效平台，提供信息化保障服务

为了加速煤炭行业信息化建设进程，需要搭建一系列高效、便捷的平台，以更好地为科技成果的供需双方提供全方位的信息化保障服务。这些平台包括但不限于科技成果信息库、技术交易平台、远程教育培训系统等。利用这些平台，可以实现对科技成果信息的集中管理、快速检索与智能匹配，从而降低信息获取成本，提高信息利用效率。同时，还可以利用这些平台进行远程技术咨询、在线培训等活动，以提升基层技术人员的专业素养与创新能力。

### （五）强化专利技术成果信息的采集与发布

专利技术是煤炭行业科技成果的重要组成部分。为了推动行业整体技术水平的提升，需要加强针对国内外煤炭行业专利技术成果信息的采集与发布工作，包括建立专利技术信息数据库，定期更新国内外煤炭行业的专利信息，提供专利检索、分析、预警等服务。同时，还可以利用信息化手段进行专利信息的可视化展示与智能分析，帮助技术人员快速了解行业动态，把握技术发展趋势，为技术创新提供有力支持。

## 四、增加安全、环保领域科技成果的供给

随着全球气候变化和人们环境保护意识的增强，我国煤炭行业面临着日

益严峻的环境保护和节约能源政策压力。在这一背景下，煤炭企业对于最新科技成果，尤其是安全、环保领域的科技成果需求愈发迫切。为满足这一需求，应从多个维度出发，构建一套完善的科技成果供给体系，以促进煤炭行业的绿色、可持续发展。

**（一）深化科研院所与高校改革，优化科研成果产出机制**

煤炭行业科研院所和高校是科技成果的重要来源，其体制机制改革与优化对于提升科技成果供给质量至关重要。一方面，应加大对科研院所和高校的投入，提升其科研能力和水平，鼓励其开展前沿性、基础性研究，为煤炭行业提供更多具有自主知识产权的核心技术。另一方面，应优化科研成果产出机制，建立更加科学合理的科研项目立项、实施、验收和成果转化流程，确保科研成果能够高效、准确地满足煤炭企业的实际需求。

**（二）加强产学研合作，促进科技成果快速转化**

产学研合作是推动科技成果快速转化的有效途径。应加强科研院所、高校以及煤炭行业企业之间的合作，构建产学研用紧密结合的创新体系；通过共建研发中心、联合实验室等形式，实现资源共享、优势互补，加速科技成果从实验室走向生产线的进程。同时，应鼓励企业参与科研项目，提出实际需求，引导科研成果向解决实际问题倾斜，提高科技成果的实用性和针对性。

**（三）加大安全、环保领域生产技术创新力度**

针对煤炭行业在安全、环保领域面临的紧迫问题，应加大生产技术创新力度，改进工艺及流程，提升煤炭产品的质量和安全性。具体而言，应加强对煤矿开采过程中瓦斯治理、水害防治、粉尘控制等关键技术的研究与开发，提高煤炭开采的安全性和可靠性。同时，应积极探索煤炭清洁高效利用技术，如煤炭气化、液化及洁净煤技术等，减少煤炭燃烧过程中的污染物排放，提升煤炭产品的环保性能。

**（四）提高科技成果供给侧质量，加大科技产出**

在科技成果供给侧方面，应注重提高科技成果的质量和实用性。通过建立完善的科技成果评价体系，对科研成果进行客观、公正的评价，确保只有真正具有创新性和实用价值的成果才能被推广和应用。同时，应加大对优秀科技成果的奖励和扶持力度，激发科研人员的创新热情和积极性，推动更多高质量的科技成果涌现。

## （五）加强安全、环保领域科技成果的推广与宣传

科技成果的推广与宣传是促进其广泛应用的关键环节。相关机构应加大对安全、环保领域科技成果的宣传力度，并通过举办科技展览、研讨会、培训班等形式，向煤炭企业和社会各界展示科技成果的亮点和优势，提高其知名度和影响力。同时，应建立完善的科技成果推广机制，鼓励企业采用新技术、新工艺，推动新的科技成果在煤炭行业的广泛应用。

## 本章小结

本章深入探讨了煤炭行业在实现"双碳"目标过程中的技术发展与转化，系统分析了煤炭行业的技术发展路径、技术转移的现状与制约因素，并通过案例分析提出了促进煤炭行业技术转移的策略。

在"双碳"目标的背景下，煤炭行业正经历深刻的变革。作为我国能源结构的重要组成部分，煤炭的未来发展趋势将从燃料化利用向原料化、材料化利用转变，从高产高效矿井向柔性矿井转型，从传统矿区向低碳/零碳矿区转变。技术发展路径的分析揭示了煤炭行业需要客观灵活地把握煤炭产能调整的节奏，加速煤炭相关技术的攻关。

通过对煤炭行业技术转移现状的分析，我们发现其中存在诸多制约因素，包括煤炭企业短期行为、成果市场化程度低以及技术转移机制不健全等。以中国科学院和清华大学山西清洁能源研究院为例的案例分析，展示了煤炭技术转化的成功模式和经验。这些案例强调重视人才培养、促进合作共赢以及引入社会多元资本对推动煤炭技术转化具有重要意义。

本章提出了促进煤炭行业技术转移的策略，包括加快煤炭企业转型、提高煤炭行业科技成果的市场适应性、加速煤炭行业信息化建设进程等。这些策略的实施有助于突破技术转移的瓶颈，推动煤炭行业的可持续发展。

煤炭行业的发展与技术转化是一个复杂的系统性过程，需要政府、企业、科研机构等多方面的共同努力。未来，随着技术的不断进步和政策的逐步完善，煤炭行业有望实现更加低碳、高效、可持续的发展，为"双碳"目标的实现做出更大贡献。同时，我们也期待更多的技术创新和转化案例涌现，以推动煤炭行业向更加绿色、环保的方向发展。

# 致　谢

　　本书的撰写与出版，得到了众多专家、学者、同事及相关机构的大力支持。在此，我谨向所有在本书创作过程中提供帮助的人士，表达最诚挚的谢意。

　　首先，我要衷心感谢在煤炭清洁技术研究领域辛勤耕耘的专家和学者们，他们的研究成果和宝贵经验为本书的内容提供了坚实的学术基础。此外，许多同行和研究机构为本书的写作提供了重要的数据、文献资料及技术见解，确保本书能够紧跟行业前沿。

　　其次，我要感谢我的同事和团队成员，他们在资料整理、内容编写、书稿审校等环节给予了我巨大支持。特别感谢家人对我的理解与包容，他们的鼓励和支持使我能够全身心投入本书的创作中。

　　最后，我要感谢中国财富出版社的编辑团队成员，他们的专业意见和悉心指导，使本书能够以更加完善的形式呈现给读者。

　　对于本书存在的任何不足之处，我诚挚地希望各位专家、同行及读者不吝批评指正。

# 参考文献

［1］徐宏祥．煤炭开采与洁净利用［M］．北京：冶金工业出版社，2020.

［2］孟献梁，武建军．煤炭加工利用概论［M］．徐州：中国矿业大学出版社，2018.

［3］边海洋．选煤厂煤炭分选机械设备能效分析与智能化改进［J］．模具制造，2024，24（11）：198-200.

［4］周玲妹，郑浩，武正鹏，等．煤炭分选过程中铅与硫的迁移与富集规律［J］．煤炭学报，2023，48（2）：1017-1027.

［5］赵宝龙．基于煤炭分选过程中应用大数据分析预测的优势技术研究［J］．现代工业经济和信息化，2022，12（3）：106-107，113.

［6］王祥瑞．煤矿矸石自动分选中图像处理与识别技术的应用［J］．煤炭技术，2012，31（8）：112-113.

［7］赵斌，王子兵．煤炭燃前处理技术及发展前景［J］．选煤技术，2004（1）：9-11.

［8］侯晓松，李强．智能机器人系统在煤矸分选工艺中的研究与应用［J］．中国煤炭，2024，50（9）：92-98.

［9］王超，朱金波，申辉．一种用于煤炭分选的全粒级干法选煤系统［J］．选煤技术，2018（5）：90-93，97.

［10］司硕，谭波，刘忠攀，等．分级热解气化技术在工业层燃炉中的应用［J］．煤炭加工与综合利用，2021（9）：70-72.

［11］谭波，宋华，司硕，等．煤炭清洁燃烧技术及工程应用［J］．煤炭科学技术，2022，50（S2）：393-402.

［12］胡文韬，段旭琴，张志军，等．煤炭加工与洁净利用［M］．北京：冶金工业出版社，2016.

［13］田智威．煤深加工与综合利用［M］．武汉：中国地质大学出版社，2017.

［14］岳光溪，周大力，田文龙，等．中国煤炭清洁燃烧技术路线图的初步探讨［J］．中国工程科学，2018，20（3）：74-79.

［15］田原宇，乔英云，安晓熙，等．煤炭高效清洁燃烧技术研究与实践［J］．煤炭加工与综合利用，2017（10）：12-15.

［16］陆小泉．我国煤炭清洁开发利用现状及发展建议［J］．煤炭工程，2016，48（3）：8-10.

［17］李刚．煤制氢技术发展与应用［J］．科技创新与生产力，2024，45（11）：54-57.

［18］许红霞．浅谈我国在煤炭热解技术中的研究发展［J］．煤炭技术，2013，32（10）：217.

［19］许加芳．煤炭地下气化的原理及发展情况［J］．煤矿现代化，2014（5）：120-122.

［20］李瑞锋．低浓度煤层气资源利用现状及效益分析［J］．内蒙古煤炭经济，2019（22）：56-57.

［21］赵利安，许振良．洁净煤技术概论［M］．沈阳：东北大学出版社，2011.

［22］杨根盛．低浓度煤层气发电技术的应用研究［J］．中国煤炭，2014，40（S1）：277-279.

［23］陈漫，陈肖汀，黄腾，等．我国煤系高岭土应用现状研究与展望［J］．矿产综合利用，2022（6）：11-16.

［24］张铃昀．"双碳"目标下煤炭行业绿色转型升级的路径［J］．内蒙古煤炭经济，2024（16）：163-165.

［25］何京东，彭子龙，王春，等．探索科技成果转化新模式——以中国科学院典型煤炭技术产业化为例［J］．中国科学院院刊，2019，34（10）：1136-1142.

［26］任世华．"双碳"目标对煤炭行业影响的传导机制及产能布局研究［D］．北京：中国矿业大学（北京），2023：81-148.

［27］王文龙．新形势下促进我国煤炭行业技术转移对策研究［J］．煤炭

经济研究，2017，37（9）：52-55.

［28］刘文秋，李海军．煤炭加工技术与清洁利用创新研究［M］．天津：天津科学技术出版社，2019.

［29］严晓辉，杨芊，高丹，等．我国煤炭清洁高效转化发展研究［J］．中国工程科学，2022，24（6）：19-25.

［30］程黎花．高效清洁煤炭转化技术现状［J］．科技情报开发与经济，2006，16（11）：146-147.

［31］彭睿娥．煤炭资源分布特征与勘查开发前景研究［J］．内蒙古煤炭经济，2021（1）：203-204.

［32］陈仁涛．煤炭期货对我国煤炭相关行业的风险溢出效应［D］．苏州：苏州大学，2022：1.

［33］李红霞，赵融．煤炭最优化工用途定量评价研究［J］．数学的实践与认识，2019，49（7）：54-61.

［34］陈鹏．中国煤炭分类的完整体系（上）［J］．中国煤炭，2000，26（9）：5-8，64.

［35］汪应宏，郭达志，张海荣，等．我国煤炭资源势的空间分布及其应用［J］．自然资源学报，2006，21（2）：225-230.

# 后 记

　　本书围绕现代煤炭清洁技术的发展与技术转移转化展开探讨，系统梳理了煤炭分选、燃烧、化工转化及资源综合利用等多个方面的清洁技术。通过深入分析煤炭行业在"双碳"目标下的发展趋势，我们可以看到，清洁高效利用与绿色低碳转型将是煤炭行业未来发展的必然方向。

　　随着科技进步和政策引导，煤炭行业的技术创新将加快步伐。未来，煤炭清洁利用技术将朝着智能化、绿色化、低碳化方向发展。与此同时，技术转移与转化的机制将不断优化，科研机构与企业的协同创新将更加紧密，国际合作也将进一步深化。在全球能源转型的大潮中，煤炭行业的清洁化发展任重道远，只有不断推进技术进步、优化产业结构、强化政策支持，才能确保煤炭行业在低碳时代焕发新的生机，实现绿色可持续发展。笔者期望本书的研究成果，能够为煤炭行业的未来发展提供一定的参考和启示，共同助力"双碳"目标的顺利实现。